酒店室内设计原理

JIUDIAN SHINEI SHEJI YUANLI

黄健 著

中国纺织出版社

序

随着我国旅游产业的迅猛增长和中外商务活动的频繁交往，日益扩大的需求正在推动酒店业的快速发展。当今社会，由于酒店主流消费群体的悄然改变，单一提供传统服务型的酒店已经很难满足消费者深度体验的需求。现代酒店在满足顾客物质生活的同时，还必须满足精神生活的需求。

酒店室内设计是根据酒店建设规模、使用性质、自然环境、地域文化和相应标准，运用工程技术手段和设计美学原理，创造功能合理、环境优美的室内环境设计。设计的目的是使酒店室内建筑空间功能布局更加合理、美观，既符合酒店经营管理的要求，又能够充分发挥酒店的实用功能；既能提高酒店的投资效益，又能满足顾客物质生活和精神生活的需求。

酒店室内设计一般被认为是酒店建筑空间设计的延伸和深化，是酒店室内空间和环境的再创造。设计的内容包括公共空间、住宿、餐饮、商务、会议、会展、娱乐、购物、美容、健身等空间的规划布局和环境的美化。设计需要正确处理人与环境的对话，必须遵循实用、经济、美观的原则，设计及实施的过程中还会涉及材料、设备、灯光、电器、家具、软装、暖通、弱电以及与施工管理的协调等诸多问题。所以现代酒店室内设计是一项复杂的系统工程，它涉及人类学、社会学、建筑学、工程学、材料学、心理学、艺术学、美学、设计学等众多门类。酒店室内设计的过程是精神物化的过程，设计的最高境界应当是精神与物质的高度统一，科学与艺术的有机结合，并赋予酒店建筑室内空间以灵魂和生命。

本书主要从人体工学、心理学、美学、色彩学、光学、空间学以及软装饰、设计管理等方面阐述现代酒店室内设计的基本原理。本书共分十章：第一章为概述，主要阐述酒店的概念、分类、风格及未来发展趋势；第二章为酒店室内设计与人体工程学原理，主要阐述人体工学概念、酒店室内设计的基本尺寸、勒·柯布西耶模数理论、"鲁班尺"的应用；第三章为酒店室内设计与环境心理学原理，主要阐述马斯洛关于"人的五个需求"理论的启示、人在室内环境中的心理需求与行为、空间形态的心理作用、色彩的心理作用；第四章为酒店室内设计的美学原理，主要阐述酒店室内设计美学原理研究的意义、酒店室内设计的形式法则、和谐是形式美永恒的法则；第五章为酒店室内色彩设计原理，主要阐述色彩的功能、色彩的基本概念、色彩的个性与魅力、色彩的对比与调和的规律、酒店室内色彩设计概述；第六章为酒店室内光环境构成原理，主要阐述光的艺术魅力、光构成原理、酒店灯光的主要表现方式、灯具的种类及艺术效果、酒店灯光设计概述；第七章为酒店室内空间艺术的构成，主要阐述酒店室内空间的构成方式、酒店空间组合理论、中国古典园林空间构成的启示、酒店室内空间设计概述；第八章为酒店室内软装饰艺术构成，主要阐述"软装"的概念、酒店"软装"的基本元素、酒店"软装"的风格、酒店主要空间的"软装"设计概述、酒店室内软装设计的流程；第九章为酒店室内设计的流程管理与质量评估，主要阐述设计过程管理和质量评估的概念、酒店室内设计的前期策划、酒店室内设计的概念设计、酒店室内设计的扩初设计（深化设计）、施工图设计阶段、设计实施阶段；第十章为酒店设计案例。

笔者作为高校环艺专业教师，在我国著名的金螳螂建筑装饰股份有限公司兼职从事酒店设计工作十六年之余，在实际的教学和设计工作中积累的一些体会和心得，编写本书的目的是力求从理论和实践两个方面做一个较系统的总结。本书在编写过程中得到了金螳螂公司的领导、同事以及同行专家的大力支持和帮助，同时也得到了中国纺织出版社的大力支持，特此表示衷心的感谢！

本书可作为高校环境艺术设计专业的教材，希望它能为同行读者提供有益的参考和启示。

黄健

2017 年 10 月于苏州大学艺术学院

目录

3

第一节　酒店的概念

酒店（HOTEL）一词来源于法语，原意为法国贵族在乡间招待贵宾的别墅。酒店在中国古时称"客栈"，现时称为"饭店""宾馆""旅店""旅馆"等，是指给顾客提供歇宿和饮食的场所。现代高级酒店除为顾客提供住宿服务外，还提供餐饮、商务、会议、会展、娱乐、购物、美容、健身等各种设施。

第二节　酒店的分类

一、按酒店的经营性质分类

（一）商务型酒店

商务酒店主要接待从事商务活动的客人。商务客人一般个性独立，具有良好的教育背景，丰富的工作阅历，较强的经济能力，这些特征决定了他们对于酒店的选择比较讲究，价格高低当然不会是选择的首要因素，而比较注重

图1-1　北京三里屯通盈中心洲际酒店大堂

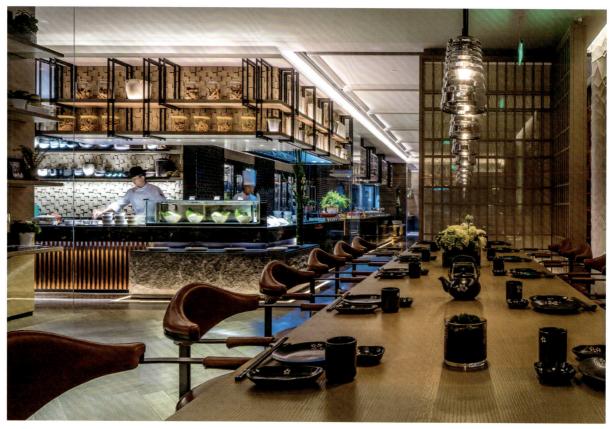

图1-2 北京三里屯通盈中心洲际酒店餐饮区域

酒店的特色和文化氛围以及室内外环境的品质。商务酒店一般设在城市中心或商业繁华地区，往往是代表该城市印象的地标性建筑。大型商务酒店设高级客房、特色餐饮、大型宴会厅、会议室等服务，并提供召开商务会议、商务洽谈等活动的各种设施（图1-1～图1-5）。

图1-3 北京三里屯通盈中心洲际酒店SPA中心

图1-4 北京三里屯通盈中心洲际酒店客房

图1-5 北京三里屯通盈中心洲际酒店健身房

（二）度假型酒店

度假型酒店以接待休假的游客为主。度假型酒店可分为两种类型，一类是观光型度假酒店，大多兴建于海滨、草原、海岛、森林、雪山等拥有独特旅游资源的风景区域，游客要求提供多种旅游活动和娱乐设施；另一类是单纯休闲型度假酒店，这类酒店虽然无丰富的旅游资源，但环境安静、优雅、舒适，健身娱乐设备齐全，是城市游客远离城市喧嚣，调节生活节奏，释放工作压力的理想休闲度假之地（图1-6～图1-9）。

图1-6　印尼巴厘岛苏里阿丽拉度假酒店1

图1-7　印尼巴厘岛苏里阿丽拉度假酒店2

图 1-8　印尼巴厘岛苏里阿丽拉度假酒店 3

图 1-9　印尼巴厘岛苏里阿丽拉度假酒店 4

（三）主题性酒店

主题性酒店又称为"特色酒店"，有自然风光酒店、历史文化酒店、名人文化酒店、 民俗风情酒店、艺术特色酒店等类型。它是指以酒店所在地的某一特定的历史文化、自然生态、民俗风情等为设计主题，其设计风格和元素必须体现并诠释主题性酒店的文化内涵，创造主题性酒店的环境氛围，让顾客在享受酒店服务的同时获得主题性文化特色的熏陶和体验（图 1-10 ~ 图 1-13）。

图 1-10　拉萨香格里拉 1

图 1-11　拉萨香格里拉 2

图 1-12　拉萨香格里拉 3

图 1-13　拉萨香格里拉 4

(四)长住型酒店

此类酒店大多为"候鸟式"客人提供较长时间的食宿服务。现在有部分客源为适应气候的冷暖变化,会按不同季节临时迁徙到不同地区的酒店长住。长住型酒店客房大多采取家庭式套房结构,大套可供一个家庭使用,小套单人房可供一人使用。长住型酒店类似公寓式酒店,既能提供一般酒店式的服务,又可提供一般性家庭式服务。

(五)经济快捷型酒店

经济型酒店主要为短期出差、旅游者提供服务,具有价格低廉、交通方便、服务快捷的特点。经济快捷型酒店大多为连锁酒店,此类酒店比较经济实惠,广受低消费人群的欢迎。

(六)公寓式酒店

公寓式酒店属"酒店式的服务,公寓式的管理"类型的酒店。公寓式酒店一般建在高档住宅区内,它集住宅、酒店、会所多功能于一体,客源一般为城市白领夫妇。住户在酒店式公寓内拥有独立的厨房、卧室、客厅、卫浴间、衣帽间等设施,既能享受酒店提供的各种服务,又能满足居家生活的私密性(图1-14~图1-16)。

二、按星级标准分类

根据《中华人民共和国星级酒店评定标准》,以酒店的建设规模、装饰装修投资、设施设备及管理、综合服务水平为主要依据,将酒店划分为五个星级,以镀金五角星的颗数为酒店级别的标志,如五颗星为五星级,四颗星为四星级,三颗星为三星级,二颗星为二星级,一颗星为一星级。

具体评级标准详见国家颁布的《中华人民共和国星级酒店评定标准》。

图1-14 纽约巴卡拉特公寓酒店 1

图1-15 纽约巴卡拉特公寓酒店 2

图1-16 纽约巴卡拉特公寓酒店 3

第三节 酒店的设计风格

每个酒店的经营者都会从建设规模、商业定位、服务群体、自然环境、地域文化等因素出发，选择不同的设计风格。酒店的设计风格主要有以下几种。

一、欧式风格

欧式风格是泛指体现欧洲各国传统文化内涵的艺术风格。如果按欧洲各个历史时期可分为：古希腊风格，以帕提农神庙为代表；古罗马风格，以罗马斗兽场为代表；拜古庭式风格，以圣索菲亚大教堂为代表；哥特式风格，以德国科隆大教堂为代表；巴洛克风格，以西班牙圣地亚哥大教堂为代表；洛可可风格，以凡尔赛宫的王后居室为代表。如果按地域性不同可分为法式风格、意大利风格、西班牙风格、英式风格、地中海风格、北欧风格等。其中对现代酒店设计影响较大的欧式风格有：巴洛克风格、洛可可风格、简欧风格、地中海风格。

（一）巴洛克（Baroque）风格

巴洛克（Baroque）风格是欧洲传统文化中的经典，是17～18世纪在意大利文艺复兴建筑基础上发展起来的一种风格。其特点是追求自由奔放，造型繁复、富于变化，色彩强烈、华丽、富贵，常用穿插的曲面和椭圆形组织空间；注重建筑与雕刻、绘画的结合，具有浓重的宗教色彩。西班牙圣地亚哥大教堂建筑装饰风格的典型代表。

巴洛克风格酒店的室内设计通常采用繁复的空间组合，装饰装修材料丰富多彩：天然丽质的大理石、豪华富丽的装饰织物、编织精美的地毯；家具采用复杂多变的曲面、花样繁多的装饰、大面积的雕刻、金箔贴面或描金涂漆工艺。整体风格彰显豪华绚丽、富有动感、热情浪漫的艺术效果（图1-17～图1-20）。

图1-17 大连——方城堡豪华精选酒店 1

图 1-18 大连——方城堡豪华精选酒店 2

图 1-19 大连——方城堡豪华精选酒店 3

图1-20 大连——方城堡豪华精选酒店4

（二）洛可可（Rococo）风格

洛可可（Rococo）艺术始于法国，18世纪曾风靡整个欧洲。洛可可艺术风格的兴起反映了当时欧洲宫廷贵族贪图享乐、穷奢极欲，以及追求生活浪漫的社会风气。该艺术风格具有轻盈明快、纤细柔弱、典雅秀丽、精致烦琐等特点，但显得娇媚造作。历史学家认为18世纪中国瓷器、丝绸等商品大量输入欧洲，具有鲜明的东方文化艺术特色的瓷器纹样、丝绸纹样对欧洲洛可可艺术风格的形成产生了一定的影响，其艺术风格明显带有东方自然主义的倾向。如果把巴洛克风格比作突出男性的阳刚之气，那么，洛可可风格则更多表现为女性的阴柔之美。这种风格以巴黎苏俾士府邸公主沙龙和凡尔赛宫的王后居室为代表。

洛可可风格酒店总体风格特征是轻盈、华丽、精致、细腻。在构图上强调不对称手法，亲切迷人的空间构成，复杂多变、富有动感的"C""S"或涡形曲线造型，装饰题材含有东方花鸟纹样的生命气息，象牙白、嫩绿、粉红、猩红等色彩装饰，金色描绘的钱脚，浪漫的罗马帘，精美的油画，制作精良的雕塑、工艺品，影影绰绰的灯光，追求一种优雅、华丽、唯美、律动的装饰风格和风情万种、温馨浪漫的情调（图1-21～图1-23）。

图1-21 奥地利维也纳帝国酒店1

图 1-22　奥地利维也纳帝国酒店 2

图 1-23　Villa Sola Cabiati 意大利科莫湖酒店

（三）简欧风格

简欧风格是现代化设计师对欧式古典风格的创造性的演绎。它既继承了欧式古典的豪华富丽、富有动感、典雅秀丽、温馨浪漫等风格，保留了欧式传统文化内涵，又融入了现代人的生活方式和需求，它既吸收了欧洲传统文化的精华，又摒弃了过分烦琐、娇媚造作的细节（图1-24～图1-26）。

图1-24 天津丽思卡尔顿酒店1

图1-25 天津丽思卡尔顿酒店2

图 1-26　天津丽思卡尔顿酒店 3

图 1-27　希腊圣托里尼酒店 1

图 1-28　希腊圣托里尼酒店 2

（四）地中海风格

地中海是全球最大的陆地海洋，位于南欧、北非、西南亚之间。沿海拥有美丽的风貌，如西班牙蔚蓝色的海岸与白色沙滩，希腊碧海蓝天下的白色村庄，意大利南部的金黄色向日葵花、法国南部的蓝紫色薰衣草、北非沙漠的红褐色岩石与土黄色彩的组合。

地中海风格酒店设计的灵感来自碧海、蓝天和白色沙滩，金黄色的向日葵、蓝紫色的薰衣草、土黄色的沙漠和红褐色的岩石等美丽的大自然景色。地中海风格的拱门与半拱门、马蹄状门窗的建筑特色，富有显著的民族风情和地域性文化特色。地中海风格酒店大多采用低纯度、线条简单且修边浑圆的木质家具，地面多铺设赤陶或石板。室内窗帘、桌巾、沙发套、灯罩等布艺装饰均以素雅的小细花、条纹格子图案纹样为主。其中锻打铁艺家具、栏杆、植物挂篮及饰品是其特有的装饰元素，其次利用小石子、瓷砖、贝类、玻璃片、玻璃珠、马赛克镶嵌、拼贴也是常用的装饰手法（图 1-27、图 1-28）。

二、中式风格

谈起中式风格，人们马上会联想起皇家宫廷建筑和江南园林，前者室内建筑装饰风格气势恢宏、壮丽华贵、高空间、大进深、金碧辉煌、雕梁画栋，空间布局对称，色彩对比明显，装饰材料以木材为主，图案纹样多用龙、凤、龟、狮等题材，体现了皇室的威严和权势。后者则采用"以小见大，小中见大，虚中有实，实中有虚，或藏或露，或浅或深"的造园手法，小巧玲珑、精致典雅、含蓄隐晦的造园风格，体现了文人士大夫追求闲适幽静、修身养性、怡然自得的生活情趣和精神境界。

现代中式风格酒店设计的总体风格是对称均衡，富有层次的空间布局，造型简洁的明清式家具，色彩浓重的红黑搭配，格调高雅的字画、匾额、挂屏、盆景、瓷器、古玩、屏风、博古架等室内陈设，崇尚自然情趣的花鸟、鱼虫等工艺雕琢，充分体现了中国传统文化的境界和东方美学精神。

现代中式风格酒店的设计风格主要有两种类型倾向，一类是倾向超豪华型的皇家宫廷式风格，一类是倾向休闲型的古典园林式风格。为什么说是倾向，因为对中国传统建筑装饰文化的继承和发扬，绝不是简单地将各种传统建筑装饰元素堆砌在一起，而是必须根据现代酒店的功能要求对中国建筑装饰传统文化的内涵进行深入的研究，在充分理解的基础上诠释出全新的空间构成、家具陈设、布艺软装、色彩配置、审美情趣等方面设计理念（图1-29～图1-34）。

图1-29 杭州城中香格里拉大酒店

图1-30 杭州钱江新城泛海钓鱼台酒店1

图 1-31　杭州钱江新城泛海钓鱼台酒店 2

图 1-32 杭州钱江新城泛海钓鱼台酒店 3

图 1-33 杭州钱江新城泛海钓鱼台酒店 4

图1-34　厦门润丰吉祥温德姆至尊酒店

三、东南亚风格

　　东南亚（Southeast Asia）是第二次世界大战后期才出现的一个新的地区名称。该地区包括越南、老挝、柬埔寨、泰国、缅甸、马来西亚、新加坡、印度尼西亚、文莱、菲律宾、东帝汶这11个国家。东南亚地区具有大陆与岛屿并存、山地与平原同在、亚热带与热带气候逐渐过渡等形成了特殊的地理环境和自然生态。金碧辉煌的宗教建筑、色彩绚丽的民族服饰、风情万种的民歌舞以及独特的生活方式构成了东南亚神秘的民族风情和光辉灿烂的文明。

　　东南亚风格酒店设计广泛采用木材、藤条、竹子、石材等纯天然原材料。具有东南亚风格特色的混合式家具，材质各异、形态多样的装饰摆件，清新自然的壁纸，色彩绚丽的花艺、布艺，使酒店风格呈现浓郁的地域文化特色（图1-35～图1-38）。

图1-35　清迈扬塔拉斯瑞度假村1

图 1-36 清迈扬塔拉斯瑞度假村 2

图 1-37 清迈扬塔拉斯瑞度假村 3

图1-38　法国蓬皮杜艺术文化中心 Centre Pompidou

四、现代主义风格

现代主义也称功能主义，是欧洲工业革命的产物，最早起源于德国魏玛的包豪斯(Bauhaus)。包豪斯学派注重展现建筑结构的形式美和实用功能，拒绝烦琐的装饰，突出工业化生产材料自身的质地美感和色彩的协调搭配。现代主义风格主要有高技派、风格派、简约主义三个流派，它们对现代建筑设计产生重大的影响。

（一）高技派

高技派注重现代高科技和金属、玻璃等新材料、新技术的开发应用。意大利的伦佐·皮亚诺（Renzo Piano）和英国的理查德·罗杰斯（Richard Rogers）设计的法国巴黎蓬皮杜国家艺术与文化中心和由贝聿铭建筑师事务所设计的香港中国银行是高技派典型的代表作（图1-39）。

（二）风格派

风格派又称作新造型主义，起始于20世纪20年代的荷兰，是以荷兰画家P.蒙德里安（P.Mondrian）为代表的艺术流派。风格派完全拒绝使用任何的具象元素，主张用纯粹几何形的抽象来表现纯粹的精神，认为点、线、面是一切造型的基本元素，点、线、面组合构成才是室内空间组合永恒的主题。家具设计师里特维尔德（Gerrit Thomas Rietveld）设计的红蓝椅是荷兰风格派最著名的代表作品之一。

（三）简约主义

简约主义源于20世纪初期的西方现代主义。欧洲现代主义建筑大师密斯·凡·德·罗（Mies Van Der Rohe）提出的"少就是多"的名言被认为是代表着简约主义的核心思想。"减少、减少、再减少"是简约主义的信条。在欧洲现代主义运动中主张简约主义的代表人物有阿道夫·卢斯（Adolf Loos）、密斯·凡·德·罗（Mies Van Der Rohe）、勒·柯布西耶（Le Corbusier）等（图1-40、图1-41）。

阿道夫·卢斯是奥地利设计师，他提出了"装饰即罪恶"

图1-39　苏州 W 酒店 1

图 1-40　苏州 W 酒店 2

的口号，主张建筑应以实用与舒适为宗旨，"不是依靠装饰而是以形体自身之美为美"，强调建筑物作为立方体的组合同墙面和窗子的比例关系。代表作品是 1910 年在维也纳建造的斯坦纳住宅（Steiner House）。

德国建筑师密斯·凡·德·罗提出了"少就是多""细节就是上帝"的设计理念，他开创的现代建筑模式对现代建筑设计产生了深远的影响。他精于运用钢结构和玻璃塑造建筑空间，开创了人类用玻璃做幕墙的先河。极端简洁的风格、暴露的骨架、灵活多变的流动空间、简练而精确的细部集中反映了他的设计风格和艺术特色。代表作品有巴塞罗那国际博览会德国馆（Barcelonna Pavilion）。

勒·柯布西耶出生于瑞士，1917 年定居巴黎，是现代建筑运动的激进分子和主将，被称为现代建筑的旗手。柯布西耶是机械美学理论的奠基人，强调设计功能至上，宣扬"住宅是供人居住的机器""书是供人们阅读的机器"，鼓吹可以用工业化生产的方式大规模地建造房屋来降低造价。他是第一个提倡把立体主义艺术形式引入建筑设计的人，他从立方体、球体、圆柱体、金字塔形、光与影中寻找设计灵感，所谓"建筑"在他看来只是"饶有趣味地利用光照组合空间"。代表作品有朗香教堂、马塞公寓。

现代风格的酒店设计追求时尚与潮流，非常注重室内空间的布局与使用功能的完美结合，玻璃、金属等新材料、新工艺、新科技的创新应用，流畅的线条，不受约束的空间，时尚的家具，明艳的色彩，舍繁就简、以少胜多的设计语言，蕴藏着丰富的内涵。当今社会人们承受着快节奏、高频率、超负荷的工作压力，渴望得到一种能使精神放松的工作环境和生活方式，因此具有空间自由开放、造型简洁明快特色的现代主义酒店颇受当今年轻人的青睐。

五、田园式风格

"田园风光"是田园风格设计的基本元素。田园风格设计"崇尚自然""回归自然"的理念，力求表现悠闲自在、充满浪漫、浓郁的乡土气息和田园生活情趣。田园风格酒店设计注重自然原生态环境和民族、民俗风情的表现，强调人与自然的融合。田园风格酒店设计灵感来自田园生活的体验，如美不胜收的春夏秋冬的田园景色，古朴典雅、美轮美奂的小桥流水，苍翠欲滴、万古长青的苍松翠柏，清澈见底、波光粼粼的湖光山色，秋实累累、瓜果飘香的丰收景象，富有诗情画意、淳朴自然、山清水秀、鸟语花香的乡间小道、农家小院等自然景观以及民间民俗风情都可成为田园风格酒店设计的元素。由于不同地域的田园风光有所不同，由此衍生出欧式、美式、中式、东南亚式等不同的田园风格。由于现代大都市高楼林立，车水马龙，繁杂喧嚣，环境污染，人们更加向往"采菊东篱下，悠然见南山""世外桃源"的田园生活方式，由此田园风

图 1-41 伯利兹 Itz'ana 酒店 1

图 1-42 伯利兹 Itz'ana 酒店 2

图 1-43 伯利兹 Itz'ana 酒店 3

图 1-44 伯利兹 Itz'ana 酒店 4

格的酒店乃至乡村别墅备受年轻一代的青睐（图1-42～图1-44）。

第四节　酒店设计的未来发展趋势

现代科技的进步和社会的发展触及各行各业，酒店业及酒店设计也毫不例外地受到冲击，专家预测存在五大发展趋势。

一、网络智能化趋势

当今网络通信已经成为人们生活不可或缺的资源。现代酒店必须在现代网络信息化基础上建立全面、整体的酒店智能化管理系统，如提供客人入住酒店"一卡通"服务系统，酒店楼宇温度、湿度、新风、气味、除菌等自动控制系统，酒店客房的照明、音响、电视控制、服务请求、免打扰设置等管理系统，酒店商务、会议、娱乐、健身多媒体系统，消防、保安报警系统，酒店预订及连锁经营网络信息系统，酒店内部管理系统等。网络智能化是通过向酒店管理者提供现代化经营手段，目的是使酒店经营更加高效、先进、科学。

二、个性特色化趋势

现代酒店随着服务市场的快速发展，消费者对酒店服务的需求正在发生深刻变化，人们不再仅仅满足于住宿、餐饮的物质需求的层面上，而是进一步追求酒店的文化艺术特色和酒店个性化服务等更高层次的精神生活需求。

三、家居亲情化趋势

"家"是生活的港湾，家庭充满着温馨浪漫、休闲自然、幸福美满的生活。酒店家居亲情化设计就是为了营造一个"家"的文化氛围，尤其是度假型酒店设计必须融入众多"家"的元素，让宾客真正体验到"宾至如归""其乐融融"，富有亲情的家庭文化。

四、设计主题化趋势

现代酒店室内设计如同给顾客讲一个故事，当然讲故事就必须围绕一个主题展开，设计元素的灵感创意或来自自然景观，或来自地域历史文化。主题性酒店特定的文化氛围让宾客不仅能享受到酒店内舒适的环境，同时能获得丰富多彩的文化艺术生活的体验。

五、绿色生态化趋势

随着现代工业社会的飞速发展，人类赖以生存的自然环境遭到严重破坏，资源逐步耗尽，环境污染严重。人们不得不对自身行为做深刻反省。因此，以生态学理论为基础的环境保护、生物科技、能源节约，绿色生态型酒店室内设计理念将越来越受到重视和关注。

第二章 酒店室内设计的人体工程学原理

第一节 人体工程学的概念

人体工程学又称人类工程学，是以人类心理学、解剖学和生理学为基础，研究人与生活环境的各种关系，从而使得生产、生活器具，工作、生活环境等与人体功能相适应的一门综合性学科。

酒店室内设计师研究人体工程学的目的，就是要从人的生理和心理方面出发，使得酒店室内环境能够充分满足人的安全、健康、高效和舒适等生活的需要，从而充分发挥酒店室内环境功能和使用价值。

第二节 酒店室内家具与空间的基本尺寸

根据人体工程学的研究，人体在活动时，无论是采取站立还是坐卧、举手、跑步等姿势，运动器官的运动都有自身一定的方式、距离、范围和规律，同时，各种感觉器官的相互作用会产兴奋、疲劳、刺激等生理反应，如血压升高、心率加快、肌肉疲劳等。因此，对于与此相关的酒店室内空间设计、家具设计的尺寸等都必须考虑到人的体形特征、动作范围和比例尺度等因素，使入住酒店的顾客从中最大限度地享受舒适度，降低疲劳感。

为了使酒店家具设计与空间设计符合人体工程学的原理，笔者参考有关资料就家具与空间设计的基本尺寸介绍如下。

一、墙体尺寸（单位：mm）

（1）踢脚板高 80～200。

（2）墙裙高 800～1500。

（3）挂镜线高 1600～1800（画中心距地面高度）。

二、一般家具尺寸（单位：mm）

（一）沙发

（1）单人式：长度 800～950，深度 850～900，坐垫高 350～420，背高 700～900；

（2）双人式：长度 1260～1500，深度 800～900；

（3）三人式：长度 1750～1960，深度 800～900；

（4）四人式：长度 2320～2520，深度 800～900。

（二）茶几

（1）小型长方形：长度 600～750，宽度 450～600，高度 380～500（380 最佳）；

（2）中型长方形：长度 1200～1350，宽度 380～500 或者 600～750；正方形：边长 750～900，高度 430～500；

（3）大型长方形：长度 1500～1800，宽度 600～800，高度 330～420（330 最佳）；

（4）圆形：直径 750、900、1050、1200，高度 330～420。

（三）书桌

（1）固定式：深度 450～700（600 最佳），高度 750；

（2）活动式：深度 650～800，高度 750～780，书桌下缘离地至少 580，长度至少 900（以 1500～1800 为佳）。

（四）书架

深度 250～400（每一格），长度 600～1200；下大上小型下方深度 350～450，高度 800～900。

（五）活动式末及顶高柜

深度 450，高度 1800～2000。

三、餐厅家具尺寸（单位：mm）

（1）餐桌：高度 750～790，西式高度 680～720，一般方桌宽度 1200、900、750，长方桌宽度 800、900、1050、1200，长方桌长度 1500、1650、1800、2100、2400，圆桌直径 900、1200、1350、1500、1800。

（2）餐椅：高度 450～500。

（3）圆桌直径：二人桌 500，三人桌 800，四人桌 900，五人桌 1100，六人桌 1100～1250，八人桌 1300，十人桌 1500，十二人桌 1800。

（4）方餐桌尺寸：二人桌 700×850，四人桌 1350×850，八人桌 2250×850。

（5）餐桌转盘直径：700～800，餐桌间距（其中座椅占 500）应大于 500。

（6）主通道：宽 1200～1300，内部工作道宽 600～900。

（7）酒吧台：高 900～1050，宽 500。

（8）酒吧凳：高 600～750。

四、酒店客房面积和家具、卫生间用品尺寸

（一）客房标准面积

大客房 25m²，中客房 16～18m²，小客房 16m²。

（二）客房家具（单位：mm）

（1）床：单人床：宽度 900、1050、1200，长度 1800、1860、2000、2100；双人床：宽度 1350、1500、1800，长度 1800、1860、2000、2100；床高：400～450，床头高：850～950；圆床：直径 1860、2125、2424（常用）。

（2）床头柜：高 500～700，宽 500～800。

（3）写字台：长 1100～1500，宽 450～600，高 700～750。

（4）行李台：长 910～1070，宽 500，高 400。

（5）衣柜：宽 800～1200，高 1600～2000，深 500。

（6）沙发：宽 600～800，高 350～400，背高 1000。

（7）衣架：高 1700～1900。

（8）室内门：宽度 800、950，高度 1900、2000、2100。

（9）窗帘盒：高度 12～18，单层布深度 12，双层布深度 16～18（按实际尺寸计）。

（三）客房卫生间面积

卫生间面积 3～5m²。

（四）卫生间用品（单位：mm）

（1）浴缸长度一般有三种：1220、1520、1680，宽 720，高 450。

（2）坐便 750×350。

（3）冲洗器 690×350。

（4）盥洗盆 550×410。

（5）淋浴器高 2100。

（6）化妆台长 1350，宽 450。

（7）厕所门宽度 800、900，高度 1900、2000、2100。

五、会议室尺寸（单位：mm）

（1）中心会议室：会议桌边长 600。

（2）环式高级会议室：环形内线长 700～1000。

（3）环式会议室服务通道：宽 600～800。

六、交通空间尺寸（单位：mm）

（1）楼梯间休息平台净空：等于或大于 2100。

（2）楼梯跑道净空：等于或大于 2300。

（3）客房走廊高：等于或大于 2400。

（4）两侧设座的综合式走廊宽度一等于或大于 2500。

（5）楼梯扶手：高 850～1100。

（6）门的常用尺寸：宽 850～1000。

（7）窗的常用尺寸：宽 400～1800（不包括组合式窗子）。

（8）窗台：高 800～1200。

七、灯具尺寸（单位：mm）

（1）大吊灯：最小高度 2400。

（2）壁灯：高 1500～1800。

（3）反光灯槽：最小直径等于或大于灯管直径 2 倍。

（4）壁式床头灯：高 1200～1400。

八、办公家具尺寸（单位：mm）

（1）办公桌：长 1200～1600，宽 500～650，高 700～800。

（2）办公椅：高 400～450，长×宽 450×450。

（3）沙发：宽 600～800，高 350～400，背面 1000。

（4）茶几（长×宽×高）：前置型 900×400×400，中心型：900×900×400、700×700×400；左右型：600×400×400。

（5）书柜：高 1800，宽 1200～1500，深 450～500。

（6）书架：高 1800，宽 1000～1300，深 350～450。

以上数据仅供参考。

九、室内设计常用尺寸的人体工程学示意图（图 2–1～图 2–11）

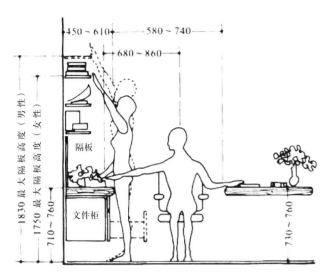

图 2–1　室内设计常用尺寸的人体工程学示意图 1

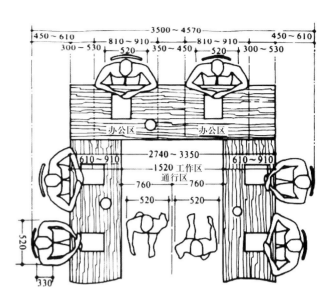

图 2–3　室内设计常用尺寸的人体工程学示意图 3

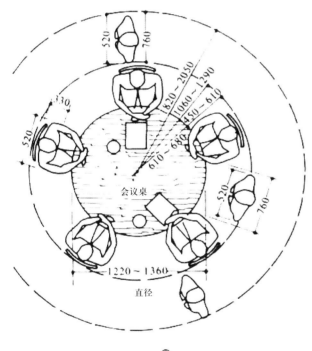

图 2–2　室内设计常用尺寸的人体工程学示意图 2

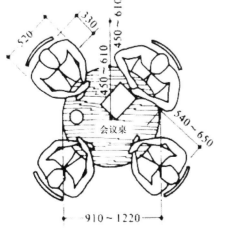

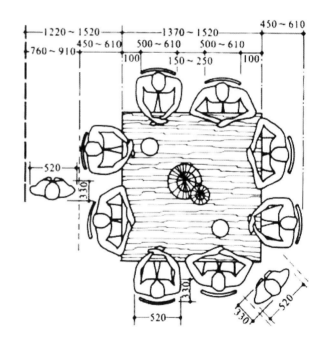

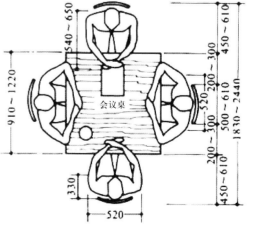

图 2–4　室内设计常用尺寸的人体工程学示意图 4

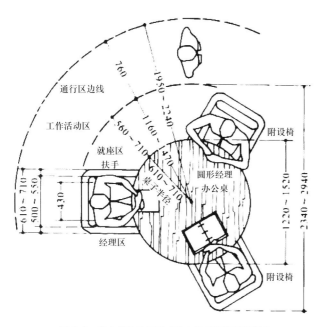

图 2-5　室内设计常用尺寸的人体工程学示意图 5

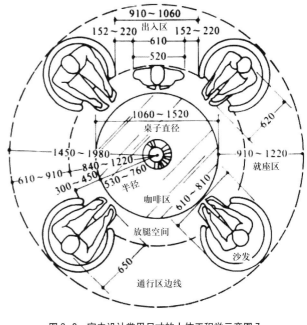

图 2-8　室内设计常用尺寸的人体工程学示意图 7

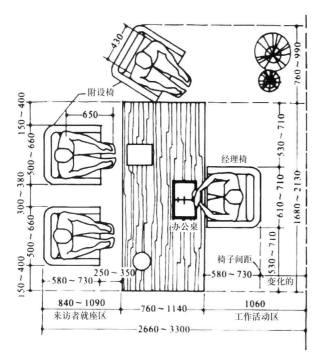

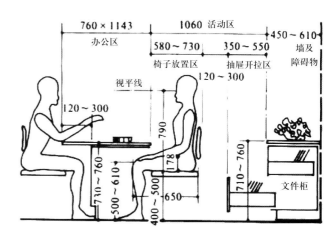

图 2-7　室内设计常用尺寸的人体工程学示意图 8

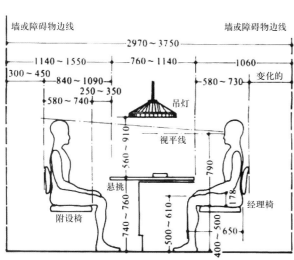

图 2-6　室内设计常用尺寸的人体工程学示意图 6

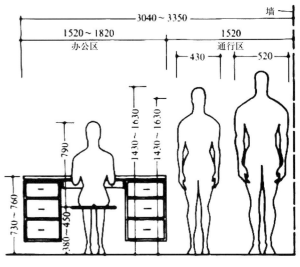

图 2-9　室内设计常用尺寸的人体工程学示意图 9

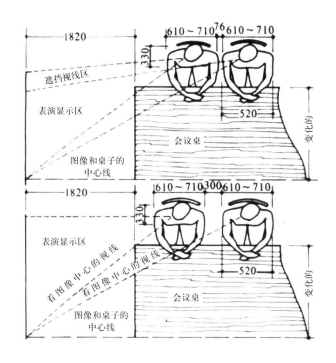

图 2-10　室内设计常用尺寸的人体工程学示意图 10

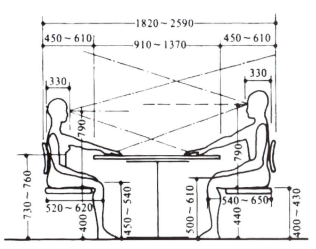

图 2-11　室内设计常用尺寸的人体工程学示意图 11

第三节　勒·柯布西耶模数理论

勒·柯布西耶以身高约为 183cm 的人作为标准，结合斐波那契数列分析。对人体的分析得出的结论包括以下几个关键数字：举手高（226cm），身高（183cm），脐高（113cm）和垂手高（86cm）。这一系列数字都可以利用黄金分割比和斐波那契数列结合在一起，如 $43=70×0.618,70=113×0.618,113=183×0.618,43+70=113,70+113=183,43+70+113=226$。

利用 113cm 的尺寸产生黄金比 70，由此得到红尺、蓝尺。如图 2-12，其整体为边长 2260mm 的正方形，分为左右两个部分。左半部分显示了站立人体与模度之间的关系，左边的三个数值：1130cm、698cm、432cm 代表脐高、头高、举手高之间的差值；右半部分是 2260cm、1397cm、1130cm、698cm 等关键尺寸的柱状图示；中部的连续梭形图案表达了红尺与蓝尺之间的关系。柯布的模数系统，利用了几个与人体尺度最接近的数字，其中身高与脐高的黄金比例关系来源于文艺复兴时期达·芬奇的发现。作为建筑师的柯布的发现在于发现将举手高折半正好等于脐高，这是建筑设计中的一个重要尺度（图 2-12）。

勒·柯布西耶曾通过如包括马赛公寓、朗香教堂等的设计实践来论证他的模数理论（图 2-13）。

勒·柯布西耶提倡设计以人为本的模理论，对人体工程学的创立做出了十分重要的贡献。

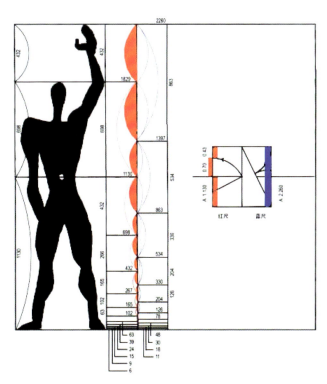

图 2-12　勒·柯布西耶的模数理论

图2-13 马赛公寓

第四节 "鲁班尺"

一、"鲁班尺"的概念

"鲁班尺"也叫"鲁般尺",又称"角尺",长约42.9cm,相传为春秋鲁国鲁班所发明。鲁班尺是阴阳风水师专门用来丈量阴阳宅地的凶吉,所以又称之为"风水尺"。尺上用红、黑字体标示着各种各样的吉凶,测量时,红色为吉,黑色为凶。

"鲁班尺"并不是量度意义上"尺"的概念,而实际上是一种对照表。鲁班尺的长度是:一尺、四寸、四分。1鲁班尺=1.368市尺=45.6m;"鲁班尺"无"进位制",只用文字标注吉凶的八个字:"1财、2病、3离、4义、5官、6劫、7害、8本",在每一个字底下,又区分为四小字,来区分吉凶意义。八个字及附带的小标格分别代表的吉凶含义如下(图2-14、图2-15)。

(一)财:吉(指钱财、才能)

(1)财德:指在财、德善、功德方面有表现。

(2)宝库:比喻可得或储藏珍贵物品。

(3)六合:合和美满。六合为天地四方。

(4)迎福:迎接福。福为幸福、利益。

(二)病:代表凶(指伤灾病患及不利等)

(1)退财:损财、破财之意。

(2)公事:多指因公家的事如贪污、受贿及案件官司等。

(3)牢执:指牢狱之灾。

(4)孤寡:指有孤独寡居的行为。

(三)离:代表凶(指六亲离散分开)

(1)长库:古有监狱之说。

(2)劫财:破耗及耗损财。

(3)官鬼:指有官煞引起之事。

(4)失脱:物品失落、人离散之意。

(四)义:代表吉(指符合正义及道德规范,或有募捐行善等行为)

(1)添丁:古时生男孩叫添丁。

(2)益利:增加了财资利禄。

(3)贵子:日后有能显贵的子嗣。

(4)大吉:吉祥吉利。

(五)官:代表吉(指有官运)

(1)顺科:顺利通过考试而获中。

(2)横财:意外之财。

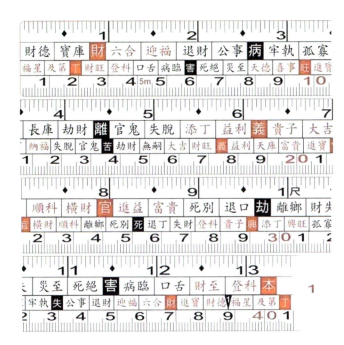

图2-14 鲁班尺

(3) 进益：收益进益。

(4) 富贵：有财有势。

（六）劫：代表凶（意指遭抢夺、胁迫）

(1) 死别：即永别。

(2) 退口：指有孝服之事。

(3) 离乡：背井离乡。

(4) 财失：财物损失或丢失。

（七）害：代表凶（祸患之意）

(1) 灾至：灾殃祸患到。

(2) 死绝：死得干干净净。

(3) 病临：疾病来临。

(4) 口舌：争执争吵。

（八）本：代表吉（事物的本位或本体）

(1) 财至：即财到。

(2) 登科：考试被录取。

(3) 招财进宝。

(4) 兴旺：兴盛旺盛。

进户门的尺寸最好是：迎福、横财、财至、大吉。

主卧室门的尺寸最好是：财至、进宝、兴旺、六合。

儿童房门的尺寸最好是：登科、贵子、大吉、益利。

鲁班尺上的门洞吉数若换算为公制尺寸有：21～23cm、40～42cm、60～62cm、81cm、88cm、89cm、106～108cm、126～128cm、133cm、146cm、155cm、171～176cm、191～198cm、211～216cm、231～236cm、241cm、253～256cm、261～263cm、275cm、281～283cm。

二、研究"鲁班尺"的现实意义

我国古代的建筑用书《阳宅十书》云："夫人生于大地，此身全在气中，所谓分明人在气中游若是也，惟是居房屋中气，因隔别所通气，只此门户耳，门户通气之处，和气则致祥，乖气至此则致唳，乃造化一定之理，故古之先贤制造门尺，立定吉方，慎选月日，以门之所关最大故耳。"《阳宅十书》记载："海内相传门尺数

财	病	离	义	官	劫	害	本	财	病	离	义	官	劫	害	本
5.7	11.4	17.1	22.8	28.5	34.2	39.9	45.6	51.3	57	62.7	68.4	74.1	79.8	85.5	91.2

财	病	离	义	官	劫	害	本	财	病	离	义	官	劫	害	本
96.9	102.6	108.3	114	119.7	125.4	131.1	136.8	142.5	148.2	153.9	159.6	165.3	171	176.7	182.4

财	病	离	义	官	劫	害	本	财	病	离	义	官	劫	害	本
188.1	193.8	199.5	205.2	210.9	216.6	222.3	228	233.7	239.4	245.1	250.8	256.5	262.2	267.9	273.6

财	病	离	义	官	劫	害	本	财	病	离	义	官	劫	害	本
279.3	285	290.7	296.4	302.1	307.8	313.5	319.2	324.9	330.6	336.3	342	347.7	353.4	359.1	364.8

财	病	离	义	官	劫	害	本	财	病	离	义	官	劫	害	本
370.5	376.2	381.9	387.6	393.3	399	404.7	410.4	416.1	421.8	427.5	433.2	438.9	444.6	450.3	456

财	病	离	义	官	劫	害	本	财	病	离	义	官	劫	害	本
461.7	467.4	473.1	478.8	484.5	490.2	495.9	501.6	507.3	513	518.7	524.4	530.1	535.8	541.5	547.2

财	病	离	义	官	劫	害	本	财	病	离	义	官	劫	害	本
552.9	558.6	564.3	570	575.7	581.4	587.1	592.8	598.5	604.2	609.9	615.6	621.3	627	632.7	638.4

财	病	离	义	官	劫	害	本	财	病	离	义	官	劫	害	本
644.1	649.8	655.5	661.2	666.9	672.6	678.3	684	689.7	695.4	701.1	706.8	712.5	718.2	723.9	729.6

财	病	离	义	官	劫	害	本	财	病	离	义	官	劫	害	本
735.3	741	746.7	752.4	758.1	763.8	769.5	775.2	780.9	786.6	792.3	798	803.7	809.4	815.1	820.8

图2-15 鲁班尺

种，屡经验试，唯此尺为真，长短协度，凶吉无差。盖昔公输子班，造极木作之圣，研穷造化之微，故创是尺。"鲁班尺更多的是被赋予了深不可测的神力，用于丈量门、窗的尺寸。门是建筑物的脸面，与建筑物的大小，以及建筑物的使用人的地位密切相连。在人们长期生活的体验中，鲁班尺所规范的门的大小，长、宽、高的吉数尺寸已经体现了它的合理性。

鲁班尺被后人按照易经中的八卦，引申鲁班尺上的八个字，包含了人生的祸福相辅相成的哲理。"鲁班尺"作为一种建筑文化现象已广为海内外建筑科学界人士关注和采纳。"鲁班尺"有"阴尺""阳尺"之分，"阳尺"用于阳宅的测量，如企业写字楼、民居等建筑物、家具、大门、房间尺寸的测量，测量时红色为吉，黑色为凶。"阴尺"用于祠堂、庙宇、陵墓、牌坊、墓碑、石人、石马、纪念堂等方面的测量。至今，鲁班尺（曲尺）仍是中国建筑工匠们离不开的传统测量工具，有画方、画圆、画直线的功用，既实用又方便。

"鲁班尺"所规范的建筑、家具的尺寸可以说是世界上最古老的"人体工程学"。"鲁班尺"是中国传统建筑文化的一部分，蕴涵着丰富的东方传统文化内涵。富有神秘色彩的"鲁班尺"，虽然至今无人完全破译，但历史的传承却仍然说明它具有顽强的生命力。对于"鲁班尺"的研究，应当是当代建筑设计及室内设计师重要的研究课题。

第三章　酒店室内设计与环境心理学原理

环境心理学是心理学的一个分支，是一门研究环境与人的行为心理关系，汇集心理学、建筑学、人类学、地理学、城市规划学等多门学科的一门综合性学科。环境中的各种因素（包括物质和精神）的刺激，都会引起人们的生理和心理上的唤起，并做出自主反应。

酒店建筑室内设计的本质是为人创造安全、舒适、宜人并富于美感的室内环境。酒店设计师学习环境心理学的目的是运用环境心理学的基本理论与知识，研究人在酒店各种环境下产生的心理活动和行为规律，科学并艺术地把握酒店室内设计中人与环境的共鸣与对话，创造性地设计出符合现代人物质生活与精神生活需求并向往的酒店室内环境。

第一节　马斯洛关于"人的五个需求"理论的启示

马斯洛认为人有五个方面的需求（图3-1）。

一、生理上的需求

生理需求是指人类维持生存及延续种族的需求，包括人类赖以生存的空气、阳光、水、食物、防暑御寒等需求，如果这些需要得不到满足，那么人类自身的生存就会产生危机。马斯洛认为生存需求是推动人类行为的最大的动力，只有当这些最基本的需求能维持生机后，其他的需求才能成为新的激励因素。

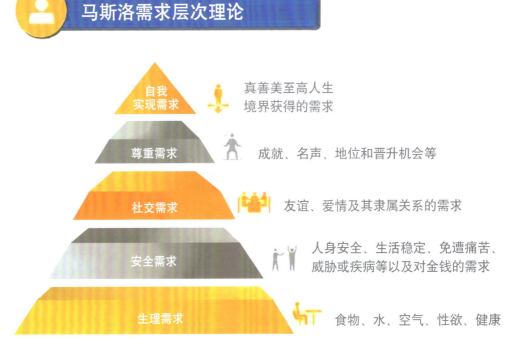

马斯洛需求层次理论

- 自我实现需求　真善美至高人生境界获得的需求
- 尊重需求　成就、名声、地位和晋升机会等
- 社交需求　友谊、爱情及其隶属关系的需求
- 安全需求　人身安全、生活稳定、免遭痛苦、威胁或疾病等以及对金钱的需求
- 生理需求　食物、水、空气、性欲、健康

图3-1　马斯洛关于"人的五个需求"

二、安全上的需求

安全上的需求是人们要求受到保护与免于遭受威胁，保障自身安全的需求。马斯洛认为，人的整个机体是一个追求安全的机制，人的视觉、听觉、触觉、嗅觉等各种感觉器官的感觉效应首先是寻求自身安全的工具，甚至可以把科学和人生观都看成是满足安全需求的一部分。当然，当这种需求一旦相对满足后，也就不再成为人们需求激励因素了。

三、社交的需求

社交的需求是指被人接纳、爱护、关注、鼓励、支持等的需求。这一层次的需求包括两个方面的内容：一是友爱的需要，即人人都需要亲友之间、伙伴之间、同事之间关系的融洽并保持友谊和忠诚；人人都希望得到爱情，爱别人，也渴望别人爱自己。二是归属的需求，即每个人都有一种归属群体的情感，希望成为群体中的一员，并希望相互关心、相互照顾。感情上的需求与一个人的生理特性、经历、教育、宗教信仰等有关。

四、尊重的需要

人人都希望自己有一定的社会地位，希望个人的能力和成就能得到社会的承认和尊重。尊重的需求产生于内因和外因：前者是指人的自尊，后者是指希望得到别人的尊重。马斯洛认为，尊重的需求得到满足后，能对自己充满信心，能对社会满腔热情，能体验到自身价值。

五、自我实现的需求

自我实现的需求是最高层次的需求，是指实现个人理想抱负，完美人生境界的需求。马斯洛认为自我实现的需求是追求人生目标的一种内驱动力。具有这种需求的人具有两大特征：一是胜任感，力图控制一切事物的发展和环境的变化；二是成就感，注重结果，追求完美。

马斯洛认为，只有当人的某一级的需求得到最低限度满足后，才会追求高一级的需要，如此逐级上升，成为推动继续努力的内在动力。人们都潜藏着这五种不同层次的需求，但在不同的时期表现出来的各种需求的迫切程度却是不同的。当低层次的需求基本得到满足以后，它的激励作用就会降低，当高层次的需求比低层次的需求具有更大的价值时，那么，高层次的需求将成为推动行为的主要动力。

马斯洛理论给了我们如下启示。

（1）人类的需求从低层次的生理需求上升到最高层次的实现自我价值的心理需求的过程中，永远不会停留在一个层次的水平上，当较低层次的需求得到满足后必然追求较高层次的需求，而且永无止境。

（2）随着社会的进步、时代的发展和物质生活的丰富，人们需求的欲望将越来越向精神生活的更高层次发展，"以人为本"的酒店室内设计将被赋予新的理念、内容与要求。

第二节　人在室内环境中的心理需求与行为

一、人类自我保护意识

人类首要的自我保护意识仍是安全性。可见酒店的安全性是人们入住的第一需求。酒店室内环境设计必须严格执行国家制订的有关法律法规及强制性规范，保证酒店室内环境的安全、可靠，要切实执行防火、防爆、防毒、防病、防水、防隐患、防抢盗等法规，避免一切室内环境设计及其应用产品可能对人身安全、健康带来的危害。

二、个体私密性与社交人际距离

心理学家认为私密性、亲密距离，是指在人际关系中形成的空间距离，它与室内空间的尺度、接触距离直接有关。如家庭中温馨、舒适、爱抚等亲密距离为 0 ~ 0.5m，闺蜜朋友谈话、就餐等个人距离为 0.5 ~ 1.3m，朋友、同事之间的日常交谈等距离为 1.3 ~ 4.0m，集会、演讲等公共社会距离应大于 4.0m。

三、个人空间的占有性

占有性也称领域性，原指动物在自然环境中为取得食物、繁衍生息等的一种适应生存的行为方式。人对空间的占有和支配也是属一种本能的表现，对于个人领域与个人空间的侵犯和干扰，将会引起严重的焦虑和不安。

四、尽端趋向

当人们身处某个窄长空间领域中，会下意识地走向顶端，并寻找自身的视觉归宿，如当人们步入长廊，端景设计将成为引人注目的视觉中心。

五、从众心理和趋光表现

在集会中人们会不自觉地随着人群的流动而流动，随大流这是一种从众心理的反应。同时人们习惯于从暗处前往亮处，并趋向于往音响大的方向流动。

第三节　空间形态的心理作用

任何一门艺术都有它自身的语言，而构成酒店空间艺术的基本元素是点、线、面、体、色彩及材质肌理等，不同的形态和色彩对人产生的不同心理作用是设计师不可忽视的。

一、构成空间形态的基本元素——点、线、面

（一）点

《辞海》中解释"点"是细小的痕迹。在几何学上，点只有位置，而在形态学中，点还具有大小、形状、色彩、肌理等造型特征。在大自然中，天空中的太阳、月亮，海边的沙石是点，落在玻璃窗上的雨滴是点，夜幕中满天星星是点，空气中的尘埃也是点。点具有很强的向心性，能形成视觉的焦点和画面的中心。

不同形态的点呈现出不同的视觉效应。一个较大的点经慢慢缩小会起到强调或引起注意的作用，并给人情感上增加分量或心理上增加重量感。细小的点随着其面积的增大会趋向成面。点在一定视觉距离之外，可见度会减弱直至消失。

凡是与背景面积形成悬殊对比的点，虽然形状各有不同，但面积小的部分在视觉上都可称为点。点的构成除了单点以外，按照排列方式的不同，构成方式主要有有规则和不规则两类：前者为重复有序或大小渐变的构成，随着点与点之间距离缩小，串状的点或许趋向成线；后者不规则点的聚集在视觉上可能成为面。

点在构图中，由于空间位置不同会产生不同的心理作用，如：当点居于平面或立体中心位置时便成为引人注目的视觉焦点和中心，由于上下左右空间构图均衡对称，视觉张力均等，构图显得四平八稳，具有庄重感，但有时难免显得呆板。当点的位置上下左右偏离平面或立体中心时，会产生离心运动之感，如偏左上、右上方的点具有漂浮、升腾之感，偏左下、右下方的点具有下沉、坠落之感。

不同形状的点具有不同的视觉心理感应和审美价值：如圆形的点给人以圆满、浑厚、饱满、运动的感觉；方形的点具有平稳、端庄、大方的感觉；正三角形的点代表稳定，当在旋转角度时会有紧张、冲突、运动之感；心形符号的点是爱情的象征。

在酒店空间构成中，各种形式的点无处不在，如天花板上的吊灯，陈设中布置的各种灯具、装饰物件等。点虽然是较小的视觉元素，但在室内大空间中，常常会起到画龙点睛的作用。

（二）线

线是点运动的轨迹，又是面运动的起点。物体本身并不存在线，而是物体与背景的对比之下形成的所谓轮廓线。在几何学中，面与面的相交或面的转折形成了线，线只具有位置和长度，而在造型艺术中，线是具体的、可直观的，如线有曲直、长短、宽窄、粗细等不同的形态。

线一般可划分为直线、曲线两大类：前者有水平线、垂直线、斜线、折线、虚线、锯齿线等；后者有弧线、抛物线、双曲线、圆、波纹线（波浪线）、蛇形线等。

在视觉艺术中，不同形态的线会产生不同的视觉心理反应，如垂直方向的线会给人挺拔、干净利落、积极向上的心理感受；水平方向的直线会让人感到一望无际、广阔无边，给人以平稳、开阔之感；曲线具有女性的特征，给人丰满、性感、柔和、优雅之感；波纹线令人赏心悦目且变化无穷，富有装饰性；蛇形线会以令人愉快的方式使人的注意力随着它的连续变化而移动，所以被称为"优雅的线条"；粗而宽的直线和实线象征粗壮有力；而细而窄的曲线和虚线则显得纤细软弱。

（三）面

面是线移动的轨迹，线的移动可形成曲面、平面。一条封闭的线能围合成一个面，点的扩大能形成面，密集的点或线也能形成面。在造型艺术中，面同样具有大小、形状、色彩、肌理等形态。

面主要分为直面、曲面两类。所谓直面是由直线所构成的面，具有稳重、刚毅的男性化特征；所谓曲面是指由曲线所构成的面，具有运动、柔和的女性化特征。在造型艺术或建筑设计中，面的表现形态十分丰富。表现类型有以下三种。

（1）几何形——由直线或曲线，或直曲线相结合形成的面。不同形状的几何形给人以不同的心理感受：如长方形、正方形、三角形、梯形、菱形、圆形、五角形等，具有简洁、明快、冷静和秩序之感；矩形给人以稳健庄严之感；正三角形给人以安定平稳之感；不等边三角形给人以运动之感；圆形给人以丰满、圆满、流动、膨胀、圆滑之感；不规则的几何曲面呈现自由、运动无序之感。

（2）自然形（又称有机形）——是一种自然形态，如自然界的动物、植物形态以及人的外形等都属于自然形，具有象征生命的韵律。

（3）偶然形——是指自然界中的形态或人为偶然形成的形态，如天上的流动云彩、水上的波浪、人为随性泼洒的墨色水迹。偶然性形态非人为可控，具有一种不可重复的意外性和生动情趣。

面与面之间的组合构成有多种方式：如不同形状面的

相互并置，面与面的轮廓线相遇的相切，一个较小的面覆盖在另一个较大的面之上的重叠，面与面交错重叠的切割，两个或多个透明面的重叠形成透叠面等，不同的构成方式可以产生富有变化的崭新形态。

在视觉艺术设计中，通过视觉扫描形成的流动线不应被忽视。如在视野中，两个相同的点，视线将会把两点之间连接形成一条无形的直线；相同的三个点，视线将会把三点连接成一个虚空的三角形；如果有无数个相同的点，那么视觉上将会把它们看成一个虚面。

面在酒店室内空间构成中所占据面积比重最大，地面、墙面、顶面、隔断等面的装饰将影响酒店的整体装饰风格。

二、关于形的错视

当视觉器官受到两种或两种以上不同因素的刺激后，大脑对外界刺激物的综合分析发生困难时就会产生错视。如果当前的知觉与过去的知识经验互相矛盾时或者思维推理发生错误时就会引起幻觉。错视和幻觉是观察者在客观因素干扰下或者自身的心理因素支配下，对图形产生的与客观事实不相符的错误感觉。如几何学的错视——视觉上的大小、长度、面积、方向、角度等几何构成，和实际上测得的数字有明显差别的错视，称为几何学错视。

（一）方向错觉

一组平行的直线由于不同方向短线的干扰似乎不再平行了。一条直线的中部被方形遮盖，看起来直线两端向外移动部分不再是一条直线了。这种错觉也称为波根多夫（Poggendorff）错觉（图 3-2）。

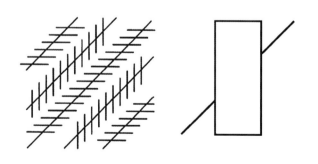

图 3-2　波根多夫（Poggendorff）错觉

（二）线条弯曲错觉

两条平行线看起来中间部分似乎凸了起来。这种错觉也称为黑林（Hering）错觉（图 3-3）。

两条平行线看起来中间部分似乎凹了下去，这种错觉也称为冯特（Wundt）错觉（图 3-4）。

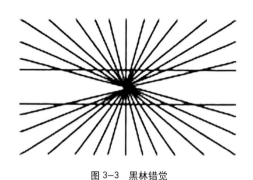

图 3-3　黑林错觉

图 3-4　冯特错觉

（三）线条长短错觉

垂直线与水平线是等长的，但看起来垂直线比水平线长，这种错觉也称为菲克（Fick）错觉（图 3-5）。

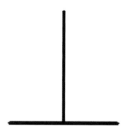

图 3-5　菲克错觉

图 3-6 左图中间的线段与右图中间的线段是等长的，但看起来左图中间的线段比右图的要短，这种错觉也称为缪勒－莱依尔（Müller Lyer）错觉。

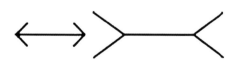

图 3-6　缪勒－莱依尔错觉

（四）面积大小错觉

中间的两个圆面积相等，但看起来左边中间的圆大于右边中间的圆；中间的两个三角形面积相等，但看起来左边中间的三角形比右边中间的三角形大，这种错觉也称为艾宾浩斯（Ebbinghaus）错觉（图 3-7、图 3-8）。

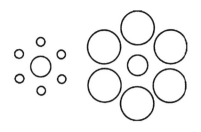

图 3-7 艾宾浩斯错觉 1

图 3-8 艾宾浩斯错觉 2

（五）图地反转

图地反转也称平面正负形。如图 3-9，在多数情况下，当你注视杯子的时候，黑色的部分就成了背景；但当你注视两个头影时，那么，白色的部分就成了背景。中国古代的太极图也是一种图地反转正负形。

图 3-9 图地反转

平面设计中的正负形是由原来的图底关系转变而来。早在 1915 年就以卢宾 (Rubin) 的名字来命名，所以又称为卢宾反转图形（图 3-10）。

（六）完形心理（格式塔心理学）

格式塔心理学 (gestalt psychology)，又叫完形心理学，是西方现代心理学的主要学派之一，诞生于德国，后来在美国得到进一步发展。该学派认为整体不等于并且大于部分之和，主张以整体的动力结构观来研究心理现象。距离相近的各部分趋于组成整体；在某一方面相似的各部分趋于组成整体；具有对称、规则、平滑、简单图形特征的各部分趋于组成整体（图 3-11）。

（七）矛盾空间

矛盾空间的形成通常是利用视点的转换和交替，在二维的平面上表现了三维的立体形态，但在三维立体的形体中显现出模棱两可的视觉效果。图 3-12、图 3-13 为埃舍尔矛盾空间。

图 3-10 图地反转

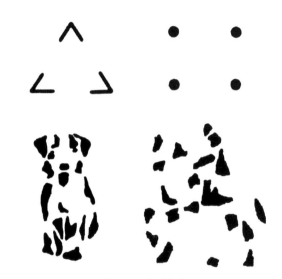

图 3-11 完形心理

图 3-12 埃舍尔矛盾空间

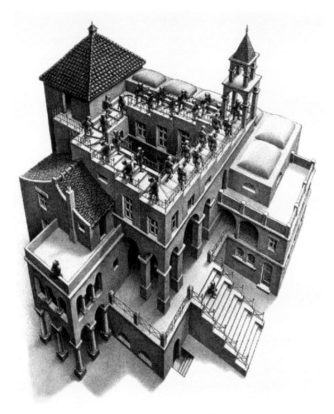

图 3-13　埃舍尔矛盾空间

第四节　色彩的心理作用

当人们受到某种色彩刺激后，在产生生理作用的同时必然引起不同的心理反应。人们对色彩世界的认识与感受实际上是建立在复杂的综合信息反应的基础上，通常包括其他心理感觉、生活经验和文化知识的参与。也就是说，一个文化人对于不同色彩的感受决不会停留在眼睛对光线生理刺激的层面上，而必然引发色彩生活的联想和心理作用。

一、色彩的冷与暖

颜色本身并没有什么冷暖之分，但是当人们看到红色、橙色、黄色时，就会联想到阳光、火焰、灯光，因此会产生温暖的感觉；当人们看到青色、蓝色时，就会联想到天空、月光、大海、阴影，因此会产生阴冷的感觉，这其实是人们在长期自然生活中的一种体验。科学实验证明，当人们受到红色刺激时，身体会不自觉地分泌更多的肾上腺素，同时血压升高、脉搏加快、呼吸急促，体温也会上升。暖色容易使人兴奋、激动，产生疲劳、烦躁和不安的感觉；冷色容易使人镇静，产生阴森、冷酷、忧郁的感觉。

二、色彩的轻与重

色彩的轻重感觉主要由明度决定。凡是明度高的色彩给人以轻盈的感觉，而明度低的色彩给人以沉重的感觉。色彩的轻重感同样来自日常生活的体验，白色的棉花、云朵、轻纱等都给人轻、浮的感觉，而黑色的石头、煤块、金属等让人感觉沉重。在色彩艺术设计中，高明度的亮色调给人以轻盈、柔美之感，相反也会给人以苍白、无力等感觉；低明度的暗色调给人以稳重、神秘之感，相反也会给人以压抑、忧郁、悲伤等感觉。室内环境色彩设计常采用上轻下重的手法，天花顶棚宜采用明亮的浅色，而地面宜采用较深的色调。

三、色彩的膨胀与收缩

不同色彩具有不同的膨胀与收缩感。据说法兰西国旗的红白蓝三色条纹宽度并不相等，只有调整到红占 35%、白占 33%、蓝占 37%比例时，空中红、蓝、白三色条纹的宽度才显得一致。色彩的膨胀与收缩感觉主要与色相、明度有关，凡偏暖的色系具有膨胀感，偏冷的色系具有收缩感，高明度的色系具有膨胀感，低明度的色系具有收缩感。色彩的膨胀与收缩感与背景色对比度有关。同样大小的黑、白圆点，黑色背景上的白圆点比白色背景上黑圆点要大 1 ／ 5。同一个人，身穿黑色衣服的要比穿浅色衣服显得瘦小些。同样体积大小的房间，浅色装饰显得宽敞些，深色装饰难免有沉闷、压抑之感。

四、色彩的前进与后退

视觉生理学研究发现，不同波长的色光在视网膜上的成像是不一样的，如凡长波长的红、橙、黄暖色系在视网膜上形成内侧像，因此具有前进感；凡短波长的青、蓝、紫冷色系在视网膜上形成外侧像，因此具有后退感。色彩的前进与后退感与色彩的冷暖、纯度、明度以及对比度有关。暖色前进，冷色后退；鲜艳色前进，灰暗色后退；亮色前进，暗色后退；强对比之色前进，弱对比之色后退的视觉规律不仅给绘画色彩远近透视提供了理论依据，同时也在室内空间色彩设计中具有实用价值。

五、色彩的软与硬

色彩软硬感觉主要与明度和纯度有关，凡高明度色系具有软弱感，凡低明度色系具有坚硬感；凡灰色系具有软弱感，凡鲜艳之色则具有坚硬感。

六、色彩的明快与忧郁

色彩的明快与忧郁感主要与明度和纯度有关。高明度、高纯度色系具有明快感，低明度、低纯度色系具有忧郁感。无彩系的高明度色系具有明快感，深色系及黑色则具有忧郁感。纯色明快，浊色忧郁。室内环境设计色彩宜采用具有明快感的色调，应避免采用使人产生忧郁感的色调。

七、色彩的兴奋与沉静

色彩的沉静与兴奋取决于色彩对视觉的刺激度。凡红、橙、黄等暖色系容易使人兴奋，凡青、蓝等冷色系容易使人镇静，绿色与紫色为中性色系。高纯度、高明度色系具有兴奋感，低纯度、低明度含灰色系具有沉静感。强对比色组具有兴奋感，弱对比色组具有沉静感。

八、色彩的华丽与朴素

色彩的华丽与朴素主要与纯度和对比度有关。纯度高的鲜艳色具有华丽感，低纯度的含灰色系具有朴素感，有彩色系具有华丽感，无彩色系具有朴素感。色相对比强之色系具有华丽感，色相对比弱之色系具有朴素感。

九、色彩的舒适与疲劳

色彩的舒适与疲劳感主要与色彩对眼睛的刺激度有关，红色的刺激度最高，容易使人兴奋，也容易使人疲劳；绿色是视觉中最为舒适的颜色，因为绿色能吸收对眼睛造成刺激伤害的紫外线。当人长时间受到强光刺激产生视觉疲劳时，观看远处的绿色树林、草坪会帮助你消除视觉疲劳。室内环境绿化是调节视觉疲劳的重要手段。一般来讲色彩繁杂，对比强烈之配色，容易使人疲劳；色彩过分暖昧之配色，也容易使人疲劳。

十、色彩的积极与消极

色彩的积极与消极与色彩的兴奋与沉静的心理效应相似。黄、橙、红为积极主动的色彩，青、蓝、蓝紫为消极的色彩，绿与紫为中性色。积极、主动的色彩具有生命力和进取性，而消极被动的色彩具有安静、温顺性。体育教练为了进一步发挥运动员的潜能，常常把进入运动场的通道刷成橙红色，使运动员受到橙红色的刺激而兴奋，而且很快进入竞技状态。色彩的积极与消极主要与色相有关，同时还与明度、纯度有关，高明度、高纯度的暖色系具有积极感，低明度、低纯度的冷色系具有消极感。

十一、色彩的错视

（一）视觉后像错视

当外界物体的视觉刺激作用停止以后，在眼睛视网膜上的影像感觉并不会立刻消失，这种视觉现象叫作视觉后

像。视觉后像的发生，是由于神经兴奋所留下的痕迹作用，也称为视觉残像。如果眼睛连续视觉两个景物，即先看一个后再看另一个时，视觉产生相继对比，因此又称为连续对比。视觉后像有两种：当视觉神经兴奋尚未达到高峰，由于视觉惯性作用残留的后像叫正后像；由于视觉神经兴奋过度而产生疲劳并诱导出相反的结果叫负后像。无论是正后像还是负后像均是发生在眼睛视觉过程中的感觉，都不是客观存在的真实形象。

（1）正后像：节日之夜的烟花，常常看到条条连续不断的各种造型的亮线。其实，任意一瞬间，烟火无论在任何位置上只能是一个亮点，然而由于视觉残留的特性，前后的亮点却在视网膜上引成线状。再如你在电灯前闭眼三分钟，突然睁开注视电灯两三秒钟，然后再闭上眼睛，那么在暗的背景上将出现电灯光的影像。以上现象叫正后像。电视机、日光灯的灯光实际上都是闪动的，因为它闪动的频率很高，大约100次／秒以上，由于正后像作用，我们的眼睛并没有观察到。电影技术也是利用这个原理发明的，在电影胶卷上，当一连串个别动作以每秒16幅图以上的速度移动的时候，人们在银幕上感觉到的是连续的动作。现代动画片制作根据以上原理，把动作分解绘制成个别动作，再把个别动作连续起来放映，即复原成连续的动作。

（2）负后像：正后像是神经正在兴奋而尚未完成时引起的，负后像则是兴奋疲劳过度所引起的，因此它的反应与正后像相反。例如，当你长时间（两分钟以上）地凝视一个红色方块后，再把目光迅速转移到一张灰白纸上时，将会出现一个青色方块影像。这种现象在生理学上可解释为：含红色素的视锥细胞，长时间的兴奋引起疲劳，相应的感觉灵敏度也因此而降低，当视线转移到白纸上时，就相当于白光中减去红光，出现青光，所以引起青色觉。由此推理，当你长时间凝视一个红色方块后，再将视线移向黄色背景，那么，黄色就必然带有绿味。又例如，在白色和灰色背景上，长时间地（两分钟以上）注视红色方块，然后迅速抽去色块，继续注视背景的同一地方，背景上就会呈现青色方块影像。这一诱导出的补色时隐时现多次复现，直至视觉的疲劳恢复以后才完全消失。这种现象也是负后像。明度对比也会产生负后像。

（二）同时对比错视

颜色并置相邻之色改变原来的性质，都带有相邻色的补色光。例如，同一黑色在红底上呈绿灰味，在绿底上呈红灰味，在紫底上呈黄灰味，在黄底上呈紫灰味。同一灰色在红、橙、黄、绿、青、紫底上都稍带有背景色的补色味，红与紫并置，红倾向于橙，紫倾向于蓝。相邻之色都倾向于将对方推向自己的补色方向。红与绿并置，红更觉其红，

绿更觉其绿。色彩同时对比，在交界处更为明显，这种现象又称为边缘对比。

(三) 色彩面积错视

因色彩具有膨胀感或收缩感，即暖色调的色彩具有视觉扩散感，而冷色调则具有收缩效果，因此引起视觉上色彩面积大小的错视。

(四) 色彩的温度错觉

这是由于人们在看到色彩后由于自身经验所产生的联想。如看到红色、黄色，人们就会联想到阳光和火焰，从而感觉温暖；看到蓝和青绿，人们就会联想到海水、天空和绿荫，从而感觉凉爽；人置身于绿色环境中，皮肤温度降低 1 ~ 2℃。

第四章　酒店室内设计的美学原理

第一节　酒店室内设计美学原理研究的意义

酒店室内设计的目的除了满足人们物质功能上的需求，还必须满足人们在精神上美的享受。酒店室内设计师不仅需要掌握酒店室内装修工程技术方面的知识，还必须具有较高的艺术修养，并能熟练地运用美学原理以及形式美法则去创造优美、舒适的酒店室内外环境。

第二节　酒店室内设计的形式美法则

一、对称与均衡

（一）对称

对称是指中轴线两侧或中心点四周物体的形态、数量、体积和空间位置完全相同，对称又称"均齐"。中国古代的宫殿建筑，几乎都是通过对称布局把众多的建筑空间组合成为统一的建筑群。在西方，特别是从文艺复兴到19世纪后期，建筑师几乎都倾向于利用对称的构图手法谋求整体的统一。以对称方式构成的空间给人以安定、庄重、威严、井然有序的美感，缺点是缺少变化，易于呆板。

（二）均衡

平衡原是力学的名词，是指支点两边的物体重力完全相等而处于稳定状态。均衡并非完全对称平衡，是指布局上的等量不等形的平衡。如中轴线两侧或中心支点四周的物体的形态、数量、体积和空间位置虽然不同，但是巧妙地利用不同物体（包括物种、形状、色彩、空间距离等）的心理重力原理，同样能达到视觉心理等量的平衡。如天平支点两边托盘上的棉花和砝码虽然体积悬殊，但是重量相同，同样能取得平衡。中国园林空间大都采用非对称平衡的造园手法。富于变化、生动活泼的非对称平衡构图形式，是现代酒店室内空间布局和软装设计最为常用的手法。

在建筑空间构成中，与均衡相关的是稳定。如果说均衡着重处理建筑空间构成中各个空间要素在左右或前后之间的轻重关系的话，那么稳定则着重考虑建筑空间整体上下之间的轻重关系。西方古典建筑师几乎总是把下大上小、下重上轻、下实上虚奉为求得稳定的金科玉律。可现代建筑师则不再受此传统意识的约束，由于现代建筑材料和工程技术的进步和支撑，他们创造出了许多同上述原则相悖的新型建筑形式。

二、主与从

酒店室内建筑空间组合为了达到完美统一，从平面到立面，从内部到外部，从细部到群体，都必须处理好主和从、重点和一般的关系。被建筑设计师称为的"趣味中心"，就是指在整体建筑空间中最富有感染力和吸引力的重点空间。酒店建筑空间组合如同导演一场戏或画家创作一幅作品，必须有主角和配角之分，主体和客体之别。戏剧中不同的人物，绘画中不同的元素都承担着不同的角色。如果一个酒店室内建筑空间组合没有建立一定的主从关系，那么必然会使人感到平淡、松散，杂乱无章。

三、对比与微差（调和）

在酒店室内空间设计中由于在不同度量、不同形状、不同方向、不同色彩和不同质感之间的差别而形成对比。对比是显著的差异，微差则是细微的差异（对比中求统一则为调和）。对比可以借相互烘托陪衬求得变化，微差则借彼此之间的协调和连续性以求得调和（对比中求统一则为调和）。在空间组合方面，两个毗邻空间由于大小悬殊，当人们从小空间进入大空间时，会产生豁然开朗之感。如中国古典园林正是运用这种欲扬先抑的对比手法以次要空间突出衬托主要空间，从而获得小中见大的空间效果。

过分的对比往往杂乱无章，过分的调和显得单调乏味。微差则是解决问题的最佳选择。所谓微差是保持各种空间要素一定的差别和对比关系，同时又可以通过增加共性，分出主次，从而达到既对比又统一的和谐关系。对比和微差有下列几种类型。

（一）不同形状之间的对比和微差

在建筑构图中，圆球体和奇特的形状比正方形、立方体、矩形和长方体更引人注目。利用圆同方之间、穹窿同方体之间、较奇特形状同一般矩形之间的对比和微差关系，可以获得变化多样的效果。

（二）不同方向之间的对比和微差

即使同是矩形，也会因其长宽比例的差异而产生不同的方向性，有横向展开的，有纵向展开的，也有竖向展开的。交错穿插地利用纵、横、竖三个方向之间的对比和变化，往往可以收到良好效果。

（三）直和曲的对比和微差

直线能给人以刚劲挺拔的感觉，曲线则显示柔和、活泼。巧妙地运用这两种线型，通过刚柔之间的对比和微差，可以使建筑空间构图富有变化。西方古典建筑中的拱柱式结构，中国古代建筑屋顶是运用直曲对比变化的范例。现代建筑运用直曲对比的成功例子也很多。特别是采用壳体或悬索结构的建筑，可利用曲直之间的对比加强建筑的表现力。

（四）虚和实的对比和微差

利用孔、洞、窗、廊同坚实的墙垛、柱之间的虚实对比，将有助于创造出既统一、和谐又富有变化的建筑形象。

（五）色彩、质感的对比和微差

色彩的对比和调和，质感的粗细和纹理变化对于创造生动、活泼的建筑形象也都起着重要作用（如建筑立面用丰富的彩色图案表现色彩的对比和微差，用石墙、木廊柱和瓦屋顶等不同质感材料作建筑构件所形成的对比和微差）。

四、韵律和节奏

"韵律""节奏"是从音乐和诗词中引入的词汇。有规律又有秩序的简单重复产生节奏，富有变化的有规律又有秩序的重复产生韵律。以石击水产生层层波澜，会激起人们的美感，这种美通常称为韵律美。韵律美在建筑空间构图中的应用极为普遍。古今中外的建筑，不论是单体建筑或群体建筑乃至细部装饰，几乎处处都有应用韵律美产生的节奏感。韵律可分为下述四种。

（一）连续的韵律

同一种形式的空间如果连续多次或有规律地重复出现，可以产生一种韵律节奏感。如哥特式教堂中央部分就是由不断重复同一形式的尖拱拱肋结构屋顶所覆盖的空间，而获得优美的韵律感（图4-1）。

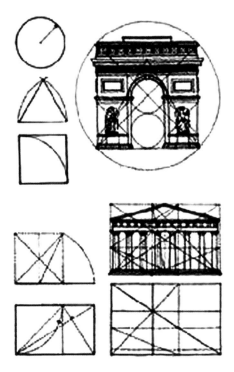

图4-1　连续的韵律在建筑中的体现

以一种或几种元素等距离连续排列产生的韵律，无限循环，连绵不断。如室内装饰中的带状图案、隔栅、护栏、墙面窗户等，均属富有节奏感的连续韵律。

（二）渐变的韵律

渐变的韵律是指重复出现的形、色、线构成元素，在疏—密、长—短、大—小、宽—窄、聚—散、色彩的浓—淡等方面，有规律、逐渐地变化形成的韵律。

（三）起伏的韵律

渐变韵律如果按照一定的规律使之变化如波浪之起伏，称为起伏的韵律，如悉尼歌剧院建筑设计。

（四）交错的韵律

交错的韵律是指两种以上的构成元素互相交织穿插，一隐一显，交替重复形成的韵律。简单的交错韵律由两种构成元素作纵横两向的交织、穿插构成，复杂的交错韵律则由三个或更多元素做多向交织、穿插构成。现代空间网架结构的构件往往具有复杂的交错韵律（图4-2）。

五、比例与尺度

所谓"比例"是指建筑物局部与整体、局部与局部之间在大小、高低、长短、宽窄等量度上建立的匀称关系。在数学上，比和比例是两个不同的概念。欧几里得从数学观点加以界定，他认为由两个数组成的分数在数学上不是比例，只能称为数值之比，只有当两比如 a：b 和 c：d

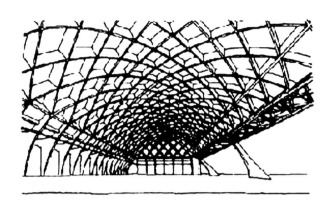

图4-2 交错的韵律在网架拱面结构中的体现

的比值相等时，才能称这四个量a：b和c：d成为比例，其公式为a：b=c：d。比例是艺术设计的基本原理之一。比例对构成事物本身的匀称美或事物之间的协调美起到至关重要的作用。如构成物体的长、宽、高，大小、高低、远近、疏密等方面都应该有适度的比例才能引起美感。

那么什么样的比例才是"适度"呢？美学家一般认为"适度"是人们在长期生活中获得的某种体验，人们习惯于以自身固有的尺度去观照对象或创造事物，所谓"人以己量，推己及物"。如人的面部必须五官端正，体态必须匀称，四肢必须健全，这是人类在长期的历史进程中得出的人体健美标准。反之，大头小身体，五官不对称，四肢有长短，上下身比例失调，那么就成为发育不健全的侏儒、变态或畸形。"东家之子，增之一分太长，减之一分太短，施朱则太赤，着粉则太白"；古代木匠口诀"周三经一，方五斜七"（圆周长的1/3近似直径；正方形的边长：对角线为5：7）；古代画论中的"三停五眼""立七，盘五，盘三半""丈山，尺树，寸马，分人"之说，都是古人从长期实践中总结出的"适度"比例关系的经典。

文艺复兴时期的著名建筑师阿尔伯蒂·赛利奥认为建筑就是将数学转化为空间单元的艺术。协调的比例可以引起人们的美感。公元前6世纪，古希腊的毕达哥拉斯学派认为万物最基本的元素是数，数的原则统摄着宇宙中心的一切现象。

古希腊哲学家柏拉图曾经指出，尺度与比例便是美与善，美的本质也像善一样，寓于尺度和比例之中。他在《法律篇》中断言："美感与秩序、尺度、比例感没有区别"。他在《米诺篇》中提出了两个正方形的比例应该为一个正方形的一条边等于另一个正方形的对角线的一半。几百年来，建筑师们都把这种正方形的比例关系用作宏伟建筑的比例依据。

（一）黄金比例

黄金比例（以下简称"黄金比"）约为 0.618：1。黄金比例的独特性质首先被应用在分割一条线段上。如果有一条线段的总长度为黄金比例的分母加分子的单位长，若把它分割为两半，长的为分母单位长度，短的为分子单位长度，则短线长度与长线长度的比值即为黄金比例。

黄金分割（Golden Section）是一种数学上的比例关系。黄金分割具有严格的比例性、艺术性、和谐性，蕴藏着丰富的美学价值。黄金比例在数学、物理、建筑、美术甚至是音乐领域应用十分广泛。

黄金比例又称黄金律或黄金分割。黄金比例是古希腊人最为崇拜的、神圣的、最美丽的比例，著名的雅典帕特农（Parthenon）神庙是黄金分割应用的典范。不朽的雕像维纳斯形体比例中亦隐含着黄金比的成分。达·芬奇的《蒙娜丽莎》的脸部也符合黄金矩形。

（二）尺度

尺度与比例有关，但尺度并不等于比例，也不能简单地把尺度理解为尺寸。比例是纯理性概念，而尺度是指人体的尺寸或人体动作尺寸在建筑尺寸感中的数学的体念和度量，体念的主体是人，度量的标准还是人，它受到人的心理感受和审美观念的影响。所谓"人是衡量万物的尺度"。建筑物的整体与局部与人之间在度量上具有一定的制约关系，这两者必须达成统一。如体积庞大的建筑物不一定具有较大的尺度，而绝对体积并不大的建筑物却具有较大的尺度，因为尺寸仅仅是数量上的大小，而尺度包含着建筑物给人的心理感受。任何建筑空间或产品设计都必须保持适宜的尺度。美国建筑学家哈姆林在《建筑形式美的原则》一书中指出，尺度印象可分为三种类型。

（1）自然的尺度：是指"建筑物表现它本身自然的尺寸，使观者就个人对建筑而言，能度量出它本身的存在"，即体现观者正常的存在。自然的尺度适宜于住宅、商场、工厂、商店建筑等。

（2）超人的尺度：是指一个建筑物在与人的对比中，由于人与建筑物的强烈反差，使人感到自身的渺小和建筑物宏大、雄伟、庄严。巨大体量超人的尺度使人产生一种敬畏心理，适宜于教堂、大会堂、体育馆、会展中心、纪念性等建筑。

（3）亲切的尺度：是指建筑空间距离比较亲和，建筑空间各部接近人体的尺度。中式庭园建筑小巧玲珑的尺度，迂回曲折的空间变化，朴素雅致的色彩，以及水池、水石、绿化的布局，是亲切尺度的典范。

（三）模数

模数一般是指在建筑设计中用作计算的基本尺寸。模数又称模量，是指两个变量成比例关系时的比例常数，含有某种度量标准的意义。按模数计算建筑物尺寸的规定和方法叫模数制。模数制的建立使建筑物整体与局部在数值上具有简单的对应关系。通过模数可以协调建筑物各种尺寸的关系，从而使建筑物各部分保持匀称的联系。

在现代建筑和现代设计中，最具影响力的是法国20世纪20年代新建筑运动先驱之一的勒·柯布西耶建立的模数制。他在维特鲁威人体模数制的基础上，将比例与尺度、技术与美学进行了系统的研究，建立了由人体基本尺度和黄金分割相结合的模数制。

六、重复和再现

在音乐中某一主旋律的重复或再出现，通常有助于整个乐曲的和谐统一。在建筑中，往往也可以借某一母题的重复或再现来增强整体的统一性。随着建筑工业化和标准化水平的提高，这种手法已得到越来越广泛的运用。一般说来，重复或再现总是同对比和变化结合在一起，这样才能获得良好的效果。凡对称都必然包含着对比和重复这两种因素。中国古代建筑中常把对称的格局称为"排偶"，偶是成对的意思，也就是两两重复地出现。西方古典建筑中某些对称形式的建筑平面，表现出下述特点；沿中轴线纵向排列的空间，力图变换形状或体量，借对比求变化；而沿中轴线横向排列的空间，则相应地重复出现。这样从全局来看，既有对比和变化，又有重复和再现，从而把互

相对立的因素统一在一个整体之中。同一种形式的空间如果连续多次或有规律地重复出现，还可以造成一种韵律节奏感。如哥特式教堂中央部分就是由不断重复同一形式的尖拱拱肋结构屋顶所覆盖的空间，而获得优美的韵律感。现代一些住宅、公共建筑等也每每有意识地选择同一形式的空间作为基本单元，通过有组织的重复取得效果（图4-3）。

七、分割

任何建筑物的墙面、地面、顶面设计首先遇到的问题就是平面分割，不同的分割形式会产生不同的视觉效果，平面分割的形式主要有以下几种。

（一）直线分割

垂直线分割：具有刚强、正直、力量、庄重、坚定、有秩序的美感，是具有阳刚之气的男性象征，但难免有呆板、僵硬之感。垂直线分割有左右对称型分割和左右非对称型分割两种：前者左右面积相等，具有稳定高耸的形式感，视觉中心居中；后者由于垂直线偏向一侧，被分割的左右两边形成面积大小的对比，随着垂直线偏离中心距离的变化，在视觉心理上会产生明显的重心不稳的运动之感，而且视觉中心会被面积较大的一方控制。

图 4-3　重复和再现

图 4-4　斜线分割

水平线分割：具有平静安详，左右延伸之感。水平线分割有上下对称和不对称两种：前者具有平静、宽广的形式感，视觉中心在水平线上；后者因水平线偏离中心，上下面形成对比，面积较大的部分对较小的部分具有挤压感，视觉中心同时被引向较大的部分。偏上方向的水平线分割具有升腾、飘浮、俯视感，偏下方向的水平线分割具有降落、下沉、仰视感。

十字线分割：是指垂直线和水平线同时分割。十字线分割有四面均等分割，垂直线左右对称、水平线偏离中心分割，水平线上下对称、垂直线偏离中心分割，垂直线和水平线均偏离中心分割等多种形式。十字线四面均等分割形式，垂直线与水平线的作用力相互抵消，因此是绝对四平八稳的构成，既无高耸之感，又无宽广延伸之感，视觉中心显然集中在纵横交叉点上。十字线不均等分割，由于被分割的面积大小对比而具有运动感，引人注目的纵横交叉点随着空间位置的变化而产生不同的视觉心理反应。如果是两条或两条以上的垂直线、水平线十字线分割，将产生既符合数理逻辑又富变化的形式感。

斜线分割：具有速度、兴奋、不稳定的相互干扰的运动感，它打破了垂直线和水平线分割的那种带有过分拘谨、凝滞、四平八稳的感觉，给平面分割带来了富有变化的活力（图 4-4）。

（二）曲线分割

曲线包括弧线、螺旋形线、抛物线、双曲线、圆形线、椭圆形线、心形线等。如果直线具有男性阳刚之气，那么曲线则具有女性阴柔之美。古希腊把曲线看作为人体美的化身，认为曲线所以美，乃曲线为人体曲线的一部分。曲线分割造型给人以优美、柔和、丰满之美感。

中国古老的太极图形是道家的标志，以曲线分割的圆形，单纯中见丰富，复杂中见统一，结构严谨，黑白分明，和谐统一。单纯的图形还包含着阴阳互补、扶阴抱阴、"无极生太极"、"太极生两仪"、相互包容、相互渗透、相互转化等丰富的文化内涵。

在曲线中，螺旋形曲线是最具韵律的形式，它最终缠绕到最小弯度的一点上，是具有力度感的终极。螺旋形线条在巴洛克时期是十分流行的装饰形式。英国画家和美学家荷加斯曾在《美的分析》中对线的特征做过系统的分析，他认为"曲线，由于互相之间的曲度和长度都可不同，因而具有装饰性。直线与曲线的结合形成复杂的线条，比单纯的曲线更多样，因此也更有装饰性。波状线，作为美的线条，变化更多，它由两种对立的曲线组成，因此更美、更舒服。"至于"蛇形线，灵活生动，同时朝着不同的方向旋转，能使眼睛得到满足，引导眼睛追逐其无限的多样性。"

呈水平方向向左右伸展起伏不断的波形线具有轻松愉快、自然舒展的美感。圆形总是给人以封闭的完美无缺、和谐统一之美。如果说圆形具有宁静感，那么椭圆形或卵形则具有一定的动感。不过突然中断的曲线会产生心理上的紧张和不满足。

第三节　和谐是形式美永恒的法则

所谓和谐是指协调、调和、融合的意思。"和而不同"，事物的对立统一，即具有差异性的不同事物的结合、统一共存也。古希腊毕达哥拉斯认为和谐乃是"数的关系"，所谓数的关系主要是指秩序、比例、匀称等。东西方关于和谐的论述，都强调对比与调和、变化与统一的规律。和谐并不等于单一，也不是绝对的统一。和谐不是无差异、无矛盾的状态，而是整体的协调。正如西方美学家黑格尔所说："各因素之中的这种协调一致就是和谐。和谐一方面现出本质上的差异面的整体，另一方面也消除这些差异面的决然对立，因此它们互相依存和内在联系就显现为它们的统一（黑格尔《美学》第一卷）。"

诚然，酒店室内设计不仅仅表现在空间形式构成上的和谐统一，而且也必须表现为内容与形式的统一，感性与理性的统一，审美对象与审美主体的统一。如果离开了酒店空间构成中的相互关系，离开了所表现的具体对象，离开了欣赏酒店空间的主体——人，那么，酒店室内设计的形式美感是空洞的、片面的和无对象的。

第五章 酒店室内的色彩设计原理

随着科学技术的发展，人们对色彩的科学有了全新的认识。以牛顿为首的色彩物理科学理论体系的建立，揭示了色彩的奥秘。与此同时，色彩生理科学、色彩心理科学相继产生并得到长足的发展。色彩科学的应用，大大地推动了色彩艺术的发展。色彩的装饰美化不仅成为现代人生活内容的一部分，而且色彩的功能在酒店室内设计领域里也不断地被研究开发，并取得了崭新的成果。

第一节 色彩的功能

一、色彩的认识功能

人们生活的大千世界是一个色彩的世界。色彩这位"自然的化妆师"把一切自然景物打扮得五光十色，绚丽多彩。生气勃勃的大自然色彩与人的人生活发生密切的联系，向人们展示着物质、生命、存在和运动状态。视觉是人们认识世界的窗口，客观世界作用于人的视觉器官，通过视觉器官形成信息，从而使人产生感觉和认识。现代科学研究资料表明，一个视觉功能正常的人从外界接受的信息，80%以上是由视觉器官输入大脑的。来自外界的一切视觉形象，如物体的形状、空间、位置的界限和区别等，都是通过色彩和明暗关系来反映的，人们必须借助色彩才能认识世界、改造世界，因此，色彩在人们的社会生产、生活中具有十分重要的认识功能。在当今的信息社会里，视觉交流将在人们的生活中发挥更大的作用。计算机等高新技术在视觉信息的采集、贮存、传播、展示中得到广泛应用，视觉交流的潜力不断地得到开发。同时，电视、录像、全息摄影等视觉传达的手段大大地扩展了人们的时空天地，丰富了人们视觉艺术享受的内容。可以预言，以色彩为载体的视觉信息社会的蓬勃发展，必将给色彩的认识功能开辟一个个崭新的领域。

二、色彩的实用功能

在现代人的生活里，由于经济、科技、文化、艺术的高度发展，社会物质财富和精神产品日益丰富。随着精神生活和物质生活水平的不断提高，人们不仅进一步追求色彩应用的美化，同时更加注重色彩应用的科学化，色彩艺术成为人们必需的物质生活和精神生活的重要组成部分，色彩科学也已渗透到人们生产、生活的各个领域。色彩，将现代都市打扮得更加绚丽多姿；色彩，指挥管理着车水马龙的现代交通；色彩，改善了工厂、学校、机关、医院等工作学习环境，提高了工作效率；色彩，装点着幽静的宾馆，繁华的商场，欢乐的游乐园，它创造了不同的品位和环境气氛并招揽顾客，吸引游人；色彩，使琳琅满目的服装、食品、家用电器、商品住宅、交通工具等各种衣食住行用品更具诱人魅力；色彩，视觉艺术的天使，现代信息传播的桥梁，它给人们带来了无限的欢乐和喜悦；色彩，现代企业的标志，象征着企业的精神和理念；色彩，在现代战争中，是一种最廉价的隐蔽自己、迷惑敌人的军事技术；色彩，为现代医学科学开拓了不可忽视的辅助医疗新的科技领域；色彩，与人们生活息息相关，使美好生活更加充满生机和活力……当今时代乃是色彩的时代。色彩，再也不是绘画艺术家的"专利"，它已走出了艺术的殿堂，在生物科学、生命科学、环境科学等众多科学领域里正被广泛地开发应用。当人类迈进科学与艺术高度结合的时代，色彩的科学功能和艺术功能将取得高度的统一，并将发挥难以估量的作用。

三、色彩的美学功能

在现代人的生活中，色彩已经成为生活之必需，色彩和阳光、空气、水一样，是人类共同享受的资源。由于人的视觉对于色彩有着特殊的敏感性，因此色彩所产生的美感魅力往往更为直接。"色彩的感觉是一般美感中最大众化的形式（《马克思恩格斯全集》第13卷）。"具有先声夺人力量的色彩是最能吸引眼睛的诱饵。人们在观察景物时，无论男女老幼，视觉的第一印象乃是色彩的感觉。显然，色彩在视觉艺术中具有十分重要的美学价值。现代色彩生理、心理实验结果表明，色彩不仅能引起人们大小、轻重、冷暖、膨胀、收缩、远近等心理、物理感觉，而且能唤起人们各种不同的情感联想。不同的色彩配合能形成热烈兴奋、欢庆喜悦、华丽富贵、文静典雅、朴素大方等不同的情调。当色彩装饰艺术所反映的情趣与人们所向往的物质精神生活产生联想，并与人们的审美情绪发生共鸣时，也就是说当色彩装饰艺术与人们审美心理的相对应时，那么，人们将感受到色彩装饰艺术美感带来的愉悦，并产生强烈的色彩装饰美化的动机和占有欲。

在现代人的生活中，色彩已经成为生活之必需。与人们生活密切相关的视觉传达设计、产品设计和环境艺术设计等一切现代设计都离不开色彩设计，因为色彩设计直接影响到设计物和环境的美观。实用美术中有"七分颜色三分花""远看颜色近看花""先看颜色后看花"之说，它生动地说明了色彩在产品设计中的重要意义。

四、酒店色彩设计的目的

色彩是表达酒店空间造型美的一种很重要的元素。酒店色彩设计的宗旨是为人们创造一个舒适、美观、方便、科学的色彩环境，丰富人们物质生活和精神生活的内容，提高人们的生活质量。酒店色彩设计的对象首先是人，设计师必须研究现代人的思想观念、生活方式、审美标准发生的变化，从而探索设计的本质意义和设计美学的原理。酒店色彩设计既是艺术创造的思维活动，又是精神物化的生产过程。现代酒店色彩设计要求把实用价值与审美价值紧密地结合起来，要求体现科学与美学、技术与艺术的统一。

第二节 色彩的基本概念

一、什么是色彩

色彩是光照射到物体上，一部分光被吸收，另一部分光被反射（或透射），反射（或透射）光刺激眼睛产生的视觉反应。光在物理学上解释为不同波长的电磁波，它包括宇宙射线、X射线、紫外线、红外线、无线电波和可见光等，它们都各有不同的波长和振动频率。只有波长大约为380～780毫微米之间的光刺激人的视觉器官才能产生色彩的视觉反应，故称为可见光谱。除此之外，波长小于380毫微米的紫外线或大于780微毫微的红外线都无色彩视觉反应，故称为不可见光谱。人眼所以能看到色彩，是因为视觉细胞受到光的刺激后产生兴奋并通过视觉神经传递给大脑，从而产生色彩视觉反应。色彩对于一个视觉器官不健全的盲人是无意义的，他们无法通过视觉器官感受五彩缤纷的大千世界。不同性质的物体对光的吸收与反射（或透射）具有某种选择性，正是这种选择性才产生不同的色彩，如人们看到的红花绿叶，是因为红花选择性地反射红色波段的光而吸收了红光之外的色光，同理绿叶只能反射绿色波段的光而吸收了绿色波段以外的光。因此，光、物、眼三者是产生色彩感觉不可分割的必备条件，眼睛不可能对一个没有光线照射的黑暗世界有任何色彩视觉反应，如果物体对光的反射和吸收没有不同的选择性也就不可能产生千差万别的色彩。

二、色彩的基本属性

色彩具有三种属性，或称色彩的三要素，即色相、明度和纯度。这三者在任何一种物体上是同时显示出来不可分离的。色彩的物理属性由光波的波长、振幅以及波长的单一性三个因素决定，波长决定色相，波长相同而振幅不同则决定同一色相的明暗差别，光波的单一程度决定色彩的纯度。

（一）色相

色相是指色彩的具体的相貌，如红、橙、黄、绿、青、蓝、紫等不同特征的色彩。色相由光波的波长决定的，其中700毫微米左右波长的光显示红色，620毫微米左右波长的光显示橙色，580毫微米左右波长的光显示黄色，520毫微米左右波长的光显示绿色，470毫微米左右波长的光显示蓝色，420毫微米左右波长的光显示紫色。

（二）纯度（又称彩度）

纯度是指色彩的纯净程度或饱和度，它取决于某种色波长单一的程度，波长越单一的颜色纯度越大，色彩越鲜明，当混入其他波长的颜色时其纯度就会减低。混入色的比例越大，其纯度就越低。在色彩学中，通常把纯度最高的色称该色的纯色，混入其他色后称为复色。

（三）明度

明度是指色彩的明暗程度。同一波长的色光，它的明度取决于该色光波段的振幅，振幅越大，亮度越强。不同色相的色彩也有不同的明度，黄色的明度最高，紫色的明度最低。在色彩学中，含白量较高之色称为亮色，含黑量较高之色称为暗色。

三、三原色

所谓三原色是指这三个原色按照一定的比例能混合产生其他任何的色，而其他色却不能混合出这三个原色。色彩学上，把以品红（亮玫红）、黄（柠檬黄）、青（湖蓝）三种颜色称为颜料的三原色，把色光的红、绿、蓝三种色光称为色光的三原色（图5-1、图5-2）。

四、光源色、固有色、环境色

（一）光源色

光源包括自然光源（如太阳光、月光）和人造光源（如灯光、烛光）。在自然界中，不同时间的阳光照射的景物会呈现不同的颜色，如一堵白墙，在中午阳光照射下呈现白色，在早晨的阳光照射下则呈淡黄色，在晚霞的照射下呈橘红色，在月光下则呈灰蓝色。早晨偏黄色、玫瑰色，中午偏白色，而黄昏时则偏橘红、橘黄色，晚上偏青绿色。又如在白光照射下的白纸呈白色，在红光照射下的白纸呈红色，在绿光照射下的白纸呈绿色。光源色光谱成分的变化也将对物体色产生影响，如白炽灯光下的物体偏黄色，日光灯下的物体偏青色，电焊光下的物体偏浅青紫色等。光源色的光亮强度会对被照射的物体产生影响，强光下物体本色会变淡，弱光下物体本色会变得模糊晦暗，只有在中等光线强度下物体本色最清晰可见。

（二）固有色

物理学家发现，当光线照射到物体上以后，各种物体都具有选择性地吸收、反射、透射色光的物理特性。就物体对光的作用而言，大体可分为不透明的和透明的两类。对于不透明物体，它的表面颜色取决于该物体对各种色光的反射和吸收的性质。如一个物体几乎能反射阳光中的所有色光，那么该物体呈白色；反之，如果一个物体几乎能吸收阳光中的所有色光，那么该物体就呈黑色。如果该物体只能反射波长为700毫微米左右的光，而吸收了700毫微米其他以外波长的光，那么这个物体看上去则是红色。透明物体的颜色取决于所透过它的色光。由于每种物体对光的吸收、反射（或透射）的物理性质是不变的，所以人们习惯把白色阳光下物体呈现的色彩，称之为物体的"固有色"。科学地解释，所谓的"固有色"应是指物体固有的物理属性在太阳白光常态照射下产生的色彩。

（三）环境色

某一物体表面受到光照后，所反射的色光必然会影响周围环境色彩的变化，尤其是表面材质光滑的物体具有强烈的反射作用，如瓷器、玻璃、金属体等。在酒店色彩艺术构成中，每个物件都不是孤立的个体，它必然存在于某个具体色彩环境之中，周围环境色彩的相互作用作与影响是不可避免的。酒店环境色的巧妙利用，可以加强空间色彩的呼应和联系，同时也可大大丰富色彩空间的情趣。

五、色的混合

由生活经验所得，人们对颜料和染料的混合比较容易认识，如黄色与青色相混得绿色，红色与绿色相混得黑浊色，但对红光与绿光相混得黄光，红光与蓝光相混得品红却难于理解。殊不知颜料（或染料）与色光的混合规律完全不同。先者为减法混合，后者为加法混合。

图5-1　颜料的三原色混合

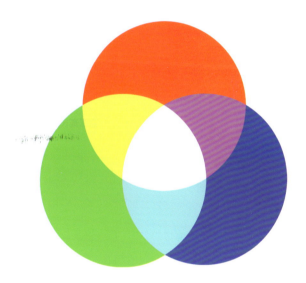

图5-2　光的三原色混合

（一）加法混合

如前所述，色光的三原色为红光、绿色、蓝光。光学物理实验证明：

红光＋绿光＝黄光；

红光＋蓝光＝品红；

蓝光＋绿光＝青光；

红光＋蓝光＝品红；

红光＋绿光＋蓝光＝白光。

如果改变相混色光的比例可以混合产生任何色，如改变红光＋绿光的比例可以产生橙、黄、黄绿等色光，不同比例的红光与蓝光相混可得到品红、红紫、紫红等色光，以此类推如果改变红、绿、蓝三种色光的混合比例可产生各种色光。加法混合由于是色光的混合，其亮度等于相混色光亮度的叠加。加法混合规律的应用对于酒店室内灯光和舞台灯光设计具有十分重要的意义。

（二）减法混合

在通常情况下，物体色的显示是由于物体受到太阳白光照射后，有一部分光被吸收，一部分光被反射，眼睛接受的是反射光的刺激。这里的所谓"吸收"也可理解为从太阳白光中"减去"意思，人们所以看到反射红光的物体，实际上是从太阳白光中减去了红光以外的色光而反射了红光的结果。1666年英国物理学家牛顿从光学实验中发现，太阳白光是由红、橙、黄、绿、青、蓝、紫复合色光组成。这七种色光的每一种色光，都是逐渐地、非常和谐地过渡到另一种光色。太阳光下的红花，便是太阳光中的橙、黄、绿、青、蓝、紫等色光被花所吸收，只有红光能被反射出来，才使我们的看到花是红色的。在光的照射下，如果某一物体较多地吸收了光，便呈现黑色；若较多地反射了光，则显示淡色以至白色。各种物体吸收光量与反射光量比例上的千差万别，就形成了难以计数的不同深浅和各种鲜艳或灰暗的色彩。根据此原理可以得出减法混色的规律：

品红＋黄＝红（白光—绿光—蓝光）根据色光三原色原理，相当于白光中减去绿光和蓝光，剩下的是红光。同理：

青＋黄＝绿（白光—红—蓝光）；

品红＋青＝蓝（白光—绿光—红光）；

品红＋青＋黄＝黑（白光—绿光—红光—蓝光）。

在色彩学上，凡两种不同的原色相混合所产生的另一个色称为二次色，也称为间色，凡将一个间色与一个原色相混合，或两个间色相混合，所得的色则称为第三次色，也称复色。随着复色混合次数的增加，颜色的明度与纯度逐渐降低。

（三）空间混合

空间混合是指不同色光同时刺激人眼或快速先后刺激人眼而产生视觉混合效果，是发生在视觉过程中的主观视觉生理反应。空间混合有两种方式：一种是时间混合。如果将两种或两种以上不同的颜色涂在混色盘上，经快速旋转，不同的颜色快速连续刺激眼睛，致使眼睛来不及反应而引发视网膜上的混色效果；另一种是区域混合。如果将两种或两种以上的颜色以点线形态密集交织在一起，人们在一定距离之外观看，不同的颜色同时刺激眼睛，致使眼睛无法同时辨别而引发网膜上的混色效果。

色彩通过不同比例的空间混合，可以获得丰富多彩的效果。空间混合在纺织、印刷、彩电、绘画中应用十分广泛。

六、有彩色系与无彩色系
（一）有彩色系

有彩色系是指可见光谱中的全部色彩。有彩色系中的任何一种颜色都具有三大属性，即色相、明度和纯度。如前所述，彩色是由光的波长和振幅决定的，波长决定色相，振幅决定色调，光波的单一性决定纯度。

（二）无彩色系

无彩色系包括黑色、白色以及由黑白相混的各种深浅不同的灰色系列。无彩色系的颜色只有明度上的变化，而不具备色相与纯度的性质。

第三节 色彩的个性与魅力

人们在长期的社会生活体验中，产生了对不同色彩的不同理解和诠释，并赋予不同的象征意义。色彩被人格化的移情，暗示着它们具有不同的个性与魅力。任何色彩的性格都具有多面性，下面进行具体介绍。

一、红色

红色是太阳、火光、血液的色彩，使人感到温暖、热情、兴奋，象征革命、喜庆、幸福、吉利。红色的另一面，象征暴力、野蛮、血性、恐怖、危险。喜欢红色的人性格外向，热情奔放，充满活力，具有好胜心和进取心，但容易冲动。

中华民族历来尚红，古时婚娶喜事、穿红衣、佩红花、坐红轿、入洞房无不用大红的颜色来体现喜事的风采。现代人每逢节日，张灯结彩，象征吉祥的红色总是传递着永恒的喜庆气息。

不同红色具有不同的性格，如大红色代表幸福狂热的爱情，深红色具有质朴、稳重之感，紫红色具有温雅、柔和之感，玫瑰红色具有鲜艳、华丽之感，葡萄酒红色具有深沉、幽雅之感。粉红色的柔情、含蓄、梦幻、羞涩、温馨、浪漫的色彩个性，是豆蔻年华少女嗜好度最高的颜色。

在可见光谱中，红色光波最长，容易引起人们的注意和警觉，因此，它也是危险、警告标志的常用色彩。

二、橙色

橙色往往使人联想到硕果累累的金秋季节。橙色是暖色系中最为温暖的颜色，象征幸福、美满、欢快、喜悦、甜蜜、成熟、华丽、富贵。橙色虽然具有活力，但也是易于冲动的色彩。橙色容易使人联想到甜美、芳香的食品，能增加人们的食欲，因此它是食品广告、包装以及餐饮空间的常用色彩。

橙色醒目突出，在空气中具有很强的穿透力，常用于登山服、救生衣、安全标志的设计中，是警戒色。

三、黄色

黄色是阳光的色彩，象征光明、未来和希望，具有光辉、灿烂、崇高、超然、威严、神秘的感觉。黄色的另一面被认为是下流、猜疑、野心、背叛的象征，是现代色情的代名词。黄色的迎春花、腊梅、玫瑰、郁金香、秋菊、油菜花、向日葵等具有娇嫩、芳香感，黄色的柠檬、梨、甜瓜具有酸甜的食欲感。金黄色是我国古代皇帝的专用色。金黄色装饰的皇宫殿宇、寺庙佛堂象征着至高无上，绝对权威。基督教徒视黄色为出卖耶稣的叛徒犹大的服色，因此，将黄色比作背叛、卑鄙、狡诈、罪恶的象征。

三原色中的柠檬黄是纯色中最明亮的颜色，但色性最不稳定，在黄色中少许混入黑、蓝、紫之后，就会立刻失去它本来的光辉。黄色在白色的背景上由于明度过于接近而显得暧昧，唯独在深色背景上才能发挥其光辉、灿烂的个性。

四、绿色

绿色是大自然植物的色彩，被誉为生命之色，可代表自然、生态、环保，象征和平、青春、理想、安全、宁静。黄绿色的初春大地生机盎然，充满活力，象征青春少年的蓬勃朝气。青绿色的海洋波澜壮阔、深远莫测，是神秘、智慧的象征。浅绿色具有宁静、清淡、凉爽之感，经暗化的深绿色则具有沉默、忧愁、自私等心理作用。室内环境的绿化被认为是大自然的延伸，绿色的花草树木使人感到舒适、祥和、宁静、安逸。

五、蓝色

蓝色常使能联想起无边无际的海洋、天空，具有宽广、深远、遥不可及、神秘莫测的感觉，象征理智、冷静、沉稳、深邃、博爱、公平。蓝色的另一面是寂寞、忧郁、悲伤、冷酷的象征。蓝色是多情的，不同的蓝具有不同的情调：如天蓝代表天空的清冷；湖蓝是三原色之一，代表深邃、静谧；宝石蓝（宝蓝）具有宝石一样的靓丽、高贵；孔雀蓝是蓝色中最神秘的一种；紫罗兰会给人诱惑的感觉。

我国自古以来，民间对蓝色情有独钟，青花瓷、蜡染和蓝印花布等流传至今，宫廷建筑中蓝色装饰是永恒和富贵的象征。

六、紫色

紫色是大自然色中比较稀罕的颜色。紫色具有高贵、优雅、庄重、神秘的感觉。紫色象征虔诚、权贵，但当紫色混合黑色暗化后则是蒙昧、迷信、悲伤的象征。

中国传统中紫色代表圣人、帝王之气，北京故宫称"紫禁城"，祥瑞降临称"紫气东来"。如今日本王室仍尊崇紫色。在西方，紫色代表尊贵，是皇宫贵族所喜爱的颜色。

自古以来紫色就是宗教的颜色。紫色代表神圣、尊贵、慈爱。在基督教中，紫色代表至高无上和来自圣灵的力量。

紫色也有其贬义一面，如视紫色为邪恶的象征。在中国传统文化里，紫并非正色，乃由红色与蓝色混合而成。孔子《论语·阳货》中用"恶紫夺朱"比喻王莽篡汉。

七、白色

白色往往使人联想到冰雪、白云、棉花，给人以光明、质朴、纯真、轻快、恬静、整洁、雅致、凉爽、卫生的感觉，是和平与神圣的象征。西方人举行婚礼，新娘的婚纱必须是白色的，以表示纯洁无瑕、忠贞不渝的爱情，在现代中国，此种西方白色婚纱礼服习俗已在年轻人中逐步流行开来。

不同的民俗对白色的象征意义有不同的诠释，如在汉民族文化中，白色与死亡、丧事相联系；在传统戏剧当中，白脸表示阴险和奸诈；藏人尚白，白色是正义、善良、高尚、纯洁、吉祥、喜庆的象征。

白色本无色，即没有任何色彩倾向，不属于有彩色系。白色是最明亮的颜色，白色物体能反射所有色光。白色与任何有彩系的颜色搭配都能取得协调。任何颜料中混合白色都能提高明度，同时表现出高雅、抒情、柔美的情调。大面积的白色应用不当难免产生空虚、冷漠、凄凉、病态、绝望之感。

在现代室内环境设计中，以白色、高明度色为主调的装饰具有简洁、明快之感。

八、黑色

黑色常使人联想到黑夜。黑色是一种具有多种不同文化含义的颜色，褒义的黑色是庄严、肃穆、高贵、渊博、神秘、刚正、权力和力量的象征。如黑色的正装礼服表现出男性的高贵气质；中国传统戏剧中，黑脸的包拯是刚正不阿、铁面无私的象征。贬义的黑色却是黑暗、阴森、恐怖、苦难、绝望、死亡、悲哀、罪恶的象征，如黑色星期五、黑社会、黑帮是恐怖、邪恶的代名词。

黑色与白色相反，是明度系列中最深暗的颜色。任何色彩在黑色背景的衬托下都能表现出靓丽的光彩。黑色能和任何有色彩系搭配并取得协调。当色彩对比过分强烈刺激，黑色是充当协调关系的重要角色。

九、含灰色

无彩色系的灰色是黑、白色的混合之色，如果改变黑、白的混合比例，可得到无彩色系浅灰到深灰的各种明度系列。无彩色黑、白、灰能与任何有彩色和谐相处。有彩色的含灰色是有彩色与灰色混合之色，有彩色与灰色混入其他色彩性格会变得温和、优雅、抒情、柔美、亲和、含蓄，但是也会缺乏个性、模棱两可。

十、金、银色

金、银色所表现出的光辉灿烂、富丽堂皇的装饰效果是其他任何颜色都无法比拟和替代的。金色是高贵、华丽、富有、权利、光明的象征。银色与金色相比，它具有高贵中带着高雅、华丽中带有含蓄的美感。金色偏暖，银色偏冷，它们能与任何颜色相配。但金、银色切不可滥用，否则会产生低俗之感。

第四节 色彩的对比与调和理论

一、色彩的对比理论

色彩的对比是指色彩构图中，由于色相、纯度、明度以及面积大小、空间形态的差异而形成的对比，差异越大对比度越强，反之，随着差异的缩小，对比就会减弱。色彩的对比在构图中是不可避免的，仅仅只有大小、强弱的差别。色彩对比的艺术处理有助增加色彩的魅力。

（一）色相对比

色相对比是指色相间差别形成的对比。色相对比的强弱可由色相环上的距离来表示。

（1）邻接色：如在24色色相环上任选一色，与此左右相邻之色为邻接色，如由于色相差很小，色彩对比微弱。

（2）类似色：如果在24色色相环上任选一色，与此间隔2～3级为类似色，如红与橙、橙与黄、黄与绿、蓝与紫、紫与红等色组，此类配色既协调又有一定的对比关系，是设计师常用的较理想配色方法。

（3）中差色：如果在24色色相环上任选一色，相隔4～7级为中差色，随着色相环上间隔距离的增大，色相对比的关系也逐渐增强，如黄与红、红与蓝、蓝与绿等色组，此类配色比较明快。

（4）对比色：如果在24色色相环上任选一色，相隔8～10级为对比色，如品红、黄与青、橙、绿与青紫，前者为三原色组，色彩对比强烈，后者为间色对比，对比关系有所减弱。

（5）互补色：在24色色相环上两个相对的色组为互补色，如红与青绿、黄与青紫、绿与红紫、青与橙等色组，此类配色对比度最为强烈，但难以取得协调。补色搭配可以产生华丽、跳跃的感觉，然而补色以高纯度、高明度、等面积的搭配，会产生更强烈的刺激性，使人视觉疲劳而无法接受。为了使补色相互调和，可采用面积悬殊对比或改变明度、纯度等方法来降低它们的对比强度。

（二）明度对比

明度对比是指由色彩的明暗变化形成的对比。色彩的明暗层次和空间关系必须依靠明度对比来表现。明度对比在色彩构成中往往起到主导作用。如果将两个明暗极端的黑、白色相混合，由深到浅建立9个等级的明度系列，可划分为以下三个明度基调。

（1）低明度基调：由1～3级的深色组成的基调，具有深沉、厚重、迟钝、忧郁、神秘之感。

（2）中明度基调：由4～6级中等明度色组成的基调，具有柔和、抒情、甜美之感。

（3）高明度基调：由7～9级的高明度色组成的基调，具有明亮、高雅、寒冷之感。

明度对比的强弱取决于明度对比的级差。在9级明度色标上，相差3级以内的为弱对比，4～5级为中对比，7级以上为强对比，黑与白为极端对比。

（三）纯度对比

纯度对比是指由色彩的纯度差形成的对比，如较鲜艳的色彩与含灰色系的对比。每种纯色混合其他色后，其纯度就会发生变化。

（1）混合白：明度提高，纯度降低，同时色性偏冷。

（2）混合黑：明度降低，纯度降低，同时色性偏暖。

（3）混合灰：纯度降低，色性变得浑浊而失去原来的光彩。

（4）混合互补色：任何纯色经加入补色，色彩纯度就会迅速下降。

如果将一个纯色混入同等明度的纯灰（黑＋白），由高到低建立9个等级的纯度色标，可以划分为以下三个纯度基调。

（1）低纯度基调：由1～3级的低纯度色组成的基调，容易产生肮脏、含混、无生气之感。

（2）中纯度基调：由4～6级中等纯度色组成的基调，具有柔和、抒情、含蓄之感。

（3）高纯度基调：由7～9级的高纯度色组成的基调，具有明快、刺激、易于冲动之感。

纯度对比的强弱取决于纯度对比的级差。在9级纯度色标上，相差3级以内的为弱对比，4～5级为中对比，7级以上为强对比，纯色与黑、白、灰为极端对比。

（四）面积对比

面积对比是指各种色彩在构图中所占有面积比例、大小而形成的对比。如果将强弱不同的两种色彩放在一起，若要取得对比均衡效果，必须调整其面积大小，低纯度之色应占据大面积，高纯度之色应缩小面积。多种色彩在构图时应当根据所表现的主题对象，预先确定主色调，如占画面面积的70%以上的高明度色系、中明度色系、低明度色系分别可构成高明度基调、中明度基调和低明度基调；占画面面积的70%以上的低纯度色可构成灰调；占画面面积的70%以上的暖色可构成暖色调；占画面面积的70%以上的冷色可构成冷色调等。配色如同谱曲，各种色彩的搭配和面积的比例应合理布局。

（五）冷暖对比

色彩的冷暖感觉主要由色相决定，凡红、橙、黄为暖色系，青紫、青蓝为冷色系，不同色相的冷暖程度以含红、橙或青、蓝的比例而定。其次，同一色相中明度的变化也会影响冷暖感觉，凡高明度之色趋冷，低明度之色趋暖。色彩的冷暖是相对的，同为红色系，玫瑰红色偏冷，朱红色偏暖；同为蓝色系，蓝紫色偏暖，青紫色偏冷；同一绿色在黄绿色背景中偏冷，在蓝色背景中却偏暖。色彩的明暗变化可增加画面层次，色彩的冷暖对比可增加远近距离。

（六）同时对比

如果将两组对比色并置一起，会互相增强色性，如红绿并置，红者更艳，绿者更翠；黑白并列在一起的，黑者更深，白者更亮。色彩同时对比发生的变化，是由于眼睛同时受到两种对比色的刺激而引起的生理心理反应。在色彩构图时，如果要强化色彩对比的力度，借助同时对比的色彩效

应是一个很有效的手法，反之，为了避免或减弱色彩的过分对比刺激，可采用间隔的构图或掺入黑、白、灰的方法，削弱色彩同时对比的作用。

（七）虚实对比

虚实对比是指色彩在空间距离关系的对比。实者为有形的、具体的、鲜明的、突出的，虚者为无形的、抽象的、模糊的、隐藏的。从色彩的知觉度方面讲，凡鲜明之色为实，灰暗之色为虚；凡暖色前进为实，冷色后退为虚；凡对比强者为实，对比弱者为虚。在色彩构图中，为了主体醒目突出，应采用鲜明之色，次要陪衬部分配色应采用温和的含灰色系。

二、色彩的调和理论

关于色彩调和理论，众说纷纭，归纳起来主要有下列五个方面，这些观点从不同角度阐述了配色调和方法，对酒店配色设计具有一定的指导作用。

（一）视觉生理心理平衡论

从视觉生理角度讲，互补色的配合是调和的，因为当人受到某一色彩刺激后，会下意识地谋求它的补色才能取得生理上的补充平衡。瑞士色彩学家约翰·伊顿说："眼睛对任何一种特定的色彩同时要求它的相对补色。如果这种补色没有出现，那么眼睛会自动地将它产生出来。正是靠这个事实的力量，色彩和谐的基本原则中包含了补色的规律。"在色彩构图中，只有补色的出现，才能弥补色彩视觉生理心理上的缺失，并带给画面色彩的平衡和谐。如"万绿丛中一点红"的经典配色，红色面积虽小，但它在大面积绿色中的出现，能满足色彩视觉生理心理上的平衡。

（二）明快论

在色彩视觉中，既不过分刺激又不过分暧昧的配色称之为明快。过分刺激或过分暧昧的配色都会使人产生不愉快的感觉。如对比过分刺激的配色虽然醒目突出，但易于产生视觉疲劳、情绪紧张、烦躁不安，如同音乐中的"噪声"；过分暧昧的配色会因色彩模糊不清而产生视觉疲劳，不满足、无兴趣。因此，明快的配色，适度对比才是和谐的。

（三）功能目的论

色彩的使用功能是配色目的的首选。色彩装饰的不同对象、不同的地点、不同的时间以及不同的场合，对配色的要求不尽相同，如用于广告的配色要求对比强烈、醒目突出；用于办公空间的配色应选择柔和、明亮的色彩才能营造高效、健康的工作环境；流光溢彩的配色适合于舞厅、歌厅等娱乐场所；用于仪表、交通、警戒的信号应采用红、

橙色；用于酒店大堂、餐饮、卧室、休闲、娱乐、健身等不同的功能空间对配色应有不同的要求。

（四）主色调控制论

任何配色是否和谐，主色调的控制是至关重要的。配色如果没有建立统一的色调，如同乐曲缺少主旋律，就会杂乱无章。所谓主色调是指配色的基本倾向，如偏红、黄、橙的暖色调，偏青、蓝、紫的冷色调，偏明亮的浅色调，偏深暗的深色调，偏灰的灰色调等。在复杂的色彩构图中，各种色彩应服从主色调的控制才能取得调和。

第五节　酒店室内色彩设计概述

人们进入酒店的第一感觉乃是色彩的感觉，酒店室内色彩设计的艺术效果直接影响到人们的生理、心理反应以及好恶。酒店室内色彩设计的总体原则是为顾客营造一个舒适、安全并赋予美感的环境氛围。酒店室内色彩设计首先要选择能体现酒店的风格以及文化主题特色的主色并由此构成的主色调，每个空间的装修材料、家具软装、灯光照明等色彩的搭配应根据美学的原则取得和谐统一。酒店室内空间色彩数量不在于多，处理不好反而会显得杂乱无章，少量的色彩通过明度、纯度、面积的变化也能取得良好的视觉效果。酒店空间的每个子空间序列的色彩应与主色调风格取得统一协调。

一、酒店大堂空间的色彩设计

酒店大堂空间的色彩设计往往给顾客留下第一印象。大堂色彩应舒适典雅、高贵大气、亲切宜人，给人感受到"尊贵礼遇""宾至如归"的环境氛围。主题性文化酒店代表着当地的地域风情和文化特色，应赋予浓郁的地方色彩。

大堂休息区域的色彩一般宜采用明亮、温馨的暖色调。"大调和，小对比"是配色的基本原则，如大堂家具沙发、地毯等软装饰应与酒店整体主色调保持和谐统一；画品、饰品、花艺、摆件可适当采用对比色，使其在大堂空间中起到画龙点睛的作用（图5-3～图5-5）。

二、酒店餐饮空间的色彩设计

酒店餐饮空间是为顾客提供用餐、饮料、休闲、交流的场所，色彩设计主要采用欢快、明亮的暖色调，特别是橙、红色的应用能起到促进食欲的作用。不同的餐饮空间的色彩设计不尽相同，如宴会厅是举办大型的宴请、婚礼、祝贺、纪念等活动的场所，宜采用红、橙、深棕等喜庆的色调，以彰显庄重、热烈、欢快、喜悦之感。顶棚悬挂华丽

图5-3　中式大堂空间的色彩设计　北京诺金酒店

图 5-4　欧式大堂空间的色彩设计　天津丽思卡尔顿酒店

图 5-5　大堂中庭空间的色彩设计　韩国首尔 Blossoms 四季酒店设计

图 5-6　中式餐饮空间色彩设计　杭州钱江新城泛海钓鱼台酒店

吊灯照明的烘托，更显厅内空间的气势恢宏、大气；中餐厅常采用中国红、金色、黄色、黑色，给人以浓墨重彩、富丽堂皇之感；西餐厅色彩设计大都采用乳白色、乳黄色、咖啡色等简洁、明快的色调；风味餐饮包括日本料理、韩国料理、意大利料理、烧烤、火锅等，其色彩设计必须体现地域文化的特色。如日本料理应选择清淡的黑、白、灰色系为主调；咖啡厅、酒吧、西餐厅应选择低明度色调，以营造温馨、浪漫的情调（图 5-6 ～图 5-9）。

三、酒店客房区域的色彩设计

酒店客房是供顾客休息睡眠的核心区域，色彩设计一般采用柔和的单色或中性色为主调，以营造安静、舒适的环境。明亮的玻璃窗，色彩低调稳重的窗帘、地毯、家具的搭配，色彩醒目的画品、摆设点缀，可使室内空间增添了几分活力和情趣（图 5-10、图 5-11）。

图 5-7　欧式餐饮空间色彩设计　法国巴黎半岛酒店

图 5-8　欧式宴会厅空间色彩设计　杭州城中香格里拉大酒店

图 5-9　欧式宴会厅空间色彩设计　佛山罗浮宫索菲特酒店

图 5-10　中式房区域色彩设计　上海浦东文华东方酒店

图 5-11　欧式房区域色彩设计　大连——方城堡豪华精选酒店

第六章　酒店室内光环境构成原理

第一节　光的艺术魅力

光照的作用对人的视觉功能的发挥极为重要，因为没有光就没有明暗和色彩感觉，也看不到一切。光照不仅是人视觉物体空间、形状、明暗、色彩的生理的需要，而且是美化环境必不可缺少的物质条件。灯光照明可以构成空间，又能改变空间；既能美化空间，又能破坏空间。不同的光照不仅照亮了室内空间，而且能创造出不同的空间意境和情调气氛。同样的室内空间，采用不同的照明方式，不同的投射角度方向，不同的灯具造型，不同的色彩光源和光照强度，可以获得不同的视觉空间效应：如有时明亮宽敞，有时晦暗压抑；有时温馨舒适，有时烦躁不安；有时喜庆欢快，有时阴森恐怖；有时温暖热情，有时寒冷淡漠；有时富有浪漫情调，有时产生神秘感觉等，灯光照明的魅力可谓变幻莫测。

第二节　光构成原理

一、色光混合三定律

眼睛不仅对单色光产生一种色觉，而且对混合光也可以产生同样的色觉。例如520毫微米的单色光刺激人眼产生绿色觉，将510毫微米与530毫微米的单色光混合刺激人眼也可以产生绿色觉；又如580毫微米的单色光刺激人眼产生黄色觉，将700毫微米的红光与510毫微米的绿光混合刺激人眼也可以产生黄色觉，而且人眼感觉不出这两者之间有什么差别。光谱中色光混合是一种加色混合，用三种原色光：红（R）、绿（G）、蓝（B）按一定比例混合可以得到白色光或光谱上任意一种光。格拉斯曼将色光混合现象归纳为三条定律：补色律、中间色律、代替律。

（一）补色律

每一种色光都有另一种同它相混合而产生白色的色光，这两种色光称为互补色光。例如蓝光和黄光，绿光与紫光，红光与青光混合都能产生白光。

（二）中间色律

两种非补色光混合则不能产生白光，其混合的结果是介乎两者之间的中间色光。例如红光与绿光，按混合的比例不同，可以得到介乎两者之间的橙、黄、黄橙等色光。

（三）代替律

看起来相同的颜色却可以由不同的光谱组成。只要感觉上是相似的颜色，都可以相互代替。如A（黄光）=B（红光＋绿光），C（青光）=D（蓝光＋绿光），A（黄光）＋C（青光）=B（红光＋绿光）＋D（蓝光＋绿光），其结果是A（黄光）＋C（青光）=淡绿光，B（红光＋绿光）＋D（蓝光＋绿光）=红光＋绿光＋蓝光＋绿光=白光＋绿光=淡绿光。这就是代替律。它在色彩光学上是一条非常重要的定律，现代色度学就是以此为理论基础而建立的。色光混合定律属于加色混合，它与染料、颜料的混合相反，后者为减色混合，其混合的规律也完全相反。

二、三原色光混合

色彩物理理论中的加色法混合理论证明：红、绿、蓝三原色光等量混合时产生白光，红光与绿光等量混合产生黄光，红光与蓝光等量混合产生品红，绿光与蓝光等量混合产生青光。

第三节　酒店灯光的主要表现方式

酒店灯光照明设计可分为整体照明、局部照明、混合照明、装饰照明。不同的空间、不同的对象、不同的场景、不同的时间，应采用不同的灯光照明方式。

一、面光表现

面光表现是指灯光通过室内天棚、墙面和地面构成的光照面。

（一）天棚灯光

照明方式是自上而下，要求光照均匀，光线充足。形式主要有日光灯吊顶，能确保光线均匀一致，光线充足；筒灯吊顶犹如夜空星罗棋布。如结合天棚梁架结构，设计成一个个光井，灯光从井格射出，可产生别具一格的空间效果。

（二）墙面灯光

墙面灯光大都为图片展览所用。把墙面做成中空双层夹墙，面向展示的一面的墙做成发光墙面，其中嵌有玻璃框，框后设置投光装置，形成发光展览墙面。

（三）地面灯光

地面灯光是将地面做成发光地板，通常为舞池设置。多彩的发光地板，其光影和色彩伴随着电子音响的节奏而同步变化，大大增强了舞台表演的艺术气氛。

二、带光表现

所谓带光是将光源布置成长条形的光带。表现形式变化多样，有方形、格子形、条形、条格形、环形（圆环形、椭圆形）、三角形以及其他多边形，如周边平面型光带吊顶、周边凹入型光带吊顶、内框型光带吊顶、内框凹入型光带吊顶、周边光带地板、内框光带地板、环型光带地板、上投光槽、天花凹光槽、地脚凹光槽等。长条形光带具有一定的导向性，在人流众多的公共场所环境设计中常常用作导向照明，其他几何形光带一般作装饰之用。

三、点光表现

点光是指投光范围小而集中的光源。由于它的光照明度强，大多用于餐厅、卧室、书房以及橱窗、舞台等场所的直接照明或重点照明。点光表现手法多样，有顶光、底光、顺光、逆光、侧光等。

四、逆光表现

逆光表现是指来自正后方的照明，光照物体的外轮廓分明，具有艺术魅力的剪影效果，是摄影艺术和舞台天幕中常用的配光方式。侧光光线自左右及左上、右上、左下、右下方向的照射，光照物体投影明确，立体感较强，层次丰富，是人们最容易接受的光照方式。

五、静止灯光、流动灯光、激光与光雕艺术

（一）静止灯光

灯具固定不动，光照静止不变，不出现闪烁的灯光为静止灯光。绝大多数室内照明采用静止灯光，这种照明方式能充分利用光能，并创造出稳定、柔和、和谐的光环境气氛，适用于酒店会议室、商场、展览会等场所。

（二）流动灯光

流动灯光是流动的照明方式，它具有丰富的艺术表现力，是舞台灯光和都市霓虹灯广告设计中常用的手段。如舞台上使用"追光灯"，不断追逐移动的演员，又如用作广告照明的霓虹灯不断地流动闪烁，频频变换颜色，不仅突出了艺术形象，而且渲染了环境艺术气氛。

（三）激光

激光是由激光器发射的光束。产生激光束的介质有晶体、玻璃、气体（如氩气、氦气、氦氖混合气等）和染料溶液。某些气体激光器已作为光源用于灯光艺术，其中氦氖激光器是最为常用的一种，它产生红单色光；氩离子激光器产生蓝绿色光和绿光，这两种波长的光可通过衍射光栅分离，形成两束不同颜色的单色光。不同染料激光器可根据需要产生波长范围在 400 ~ 750mm 的任何一种激光。不过染料激光器都是以脉冲方式工作的装置，它必须依靠其激光器或电子闪光灯作驱动源。

（四）光雕艺术

光雕艺术是现代造型艺术的新形式，有艺术家利用玻璃、冰块、透明塑料等透光材料制成各种造型和灯具，光线从内部或外部照射，通过投射光的透射、折射、反射等物理特性的充分发挥，构成光辉灿烂的立体艺术；也有利用小型彩色灯泡、灯珠、霓虹灯、光导纤维等灯具材料，直接构成五彩缤纷的灯光图案画面。灯光和音乐配合还用于音乐喷泉、露天广场、歌舞厅、溜冰场以及商业建筑等环境艺术气氛的渲染，设计师运用计算机控制灯光和音乐编制的程序，使音乐的节奏同步配合灯光的强弱和摇曳，从而获得声、光、色的综合艺术效果。酒店室内设计师都会运用光与影的各种表现形式及其变化来表现设计的创意。

第四节　灯具的种类及艺术效果

灯具随着新技术新材料日新月异的发展，花色品种繁多，造型丰富，光、色、形、质可谓变化无穷，灯具不仅为人们的生活提供照明的条件，而且是室内环境设计中重要的画龙点睛之笔。灯具按照安装方式可分为下列六种类型。

一、悬吊类灯具

悬吊类灯具通称吊灯。一般性吊灯，用于一般性室内空间；花灯，用于豪华高大的大厅空间；宫灯，一般用于具有传统古典式风格的厅堂；伸缩性吊灯，采用伸缩的蛇皮管或伸缩链作吊具，可在一定范围内根据需要调节灯具的高度。

二、吸顶类灯具

吸顶类灯具是指紧贴天棚的灯具。有凸出型吸顶灯，这类灯具适用性较大，可以单盏使用，也可以组合使用，前者适用于较小的空间，后者适用于较大的空间；嵌入型吸顶灯，灯具嵌入天棚内，组合使用能给人以星空繁照的感觉。

三、壁灯类灯具

壁灯类灯具有附墙式和悬挑式两种，安装在墙壁和柱子上。壁灯造型要求富有装饰性，适用于各种空间。

四、落地类灯具

落地类灯具也称坐地灯，是家居客厅、起居室、宾馆客房、接待室等空间的局部照明灯具，是室内陈设之一，具有装饰空间的作用。

五、台灯

坐落在台桌、茶几、矮柜的局部照明的灯具，也是现代家庭中富有情趣的主要陈设之一。在现代宾馆中，台灯已经成为具有特色的装饰照明手段。

六、特种灯具

为各种特殊场合专门制造的照明灯具，如用于舞台表演的追光灯、回光灯、天幕泛光灯、旋转灯、光束灯、流星灯等。

第五节 酒店的灯光设计

一、灯光设计的原则

（一）功能性原则

酒店灯光照明设计首先必须符合功能的要求，根据酒店不同的空间、不同的场合、不同的对象选择不同的照明方式和灯具，并设计恰当的照度和亮度。例如：会议大厅的灯光照明设计应采用垂直式照明，要求亮度分布均匀，避免出现眩光，一般宜选用全面性照明灯具；商店的橱窗和商品陈列，为了吸引顾客，一般采用强光重点照射以强调商品的形象，其亮度比一般照明要高出3～5倍，为了强化商品的立体感、质感和广告效应，常采用方向性强的照明灯具和利用色光来提高商品的艺术感染力。

（二）美观性原则

灯光照明是装饰美化酒店室内环境和创造艺术气氛的重要手段。有人称灯光是酒店空间的"眼睛"。为了对室内空间进行装饰，增加空间层次，渲染环境气氛，采用装饰照明，使用装饰灯具十分重要，灯光照明已成为整体设计的一部分。灯具不仅起到照明的作用，而且十分讲究其造型、材料、色彩、比例、尺度，已成为室内空间的不可缺少的装饰品。灯光设计通过灯光的明暗、隐现、抑扬、强弱等有节奏的控制，充分发挥了灯光的光辉和色彩的作用，如采用透射、反射、折射等多种手段，能创造出温馨柔和、宁静幽雅、怡情浪漫、光辉灿烂、富丽堂皇、欢乐喜庆、节奏明快、神秘莫测、扑朔迷离等各种艺术情调气氛，并为顾客的酒店生活环境增添丰富多彩的情趣。

（三）经济性原则

灯光照明并不一定以多为好，以强取胜，关键是科学合理。灯光照明设计是为了满足人们视觉生理和审美心理的需要，使酒店室内空间最大限度地体现实用价值和欣赏价值，并达到实用功能和审美功能的统一。华而不实的灯饰非但不能"锦上添花"，反成"画蛇添足"，同时造成能源浪费和经济损失，甚至造成光环境污染而有损身体的健康。

（四）安全性原则

酒店灯光照明设计要求绝对的安全可靠。由于照明来自电源，必须采取严格的防触电、防断路等安全措施，以避免意外事故的发生。灯光照明设计的安全性应参照国家有关标准执行。

二、酒店空间区域的灯光照明设计

酒店室内灯光照明设计是酒店设计的重要组成部分。在晚间或黑暗的环境中，室内建筑空间的界面，各种物件的摆放，必须依靠灯光照明来分辨，人际交往活动必须在灯光照明环境中实现。酒店的灯光不仅起到照明的作用，同时还具有渲染环境气氛和情调的作用。酒店灯具按种类分主要包括吊灯、立灯、台灯、壁灯、射灯、格栅灯、吸顶灯等，按功能分有照明灯、装饰灯两类。酒店不同的空间应有不同的选择。如酒店的大堂安装大型吊灯或水晶灯，酒店楼梯安装地脚灯，天花板上面安装吸顶灯，酒店过道安装感应灯等。

图 6-1　大堂灯光照明　MY 酒店

（一）大堂的灯光照明设计

为了使宾客在交流中能清晰可见对方的表情及细节，一般可采用格栅筒灯作为重点照明，并辅以大型吊灯、暗藏灯、壁灯提升酒店的艺术品位和档次。大堂空间的高度是选定灯光设计方案的重要因素。高大的大堂一般采用节能筒灯为基础照明，顶部可安装大型水晶吊灯，装饰结构部分采用暗藏灯槽，以增加灯光层次。中庭照明可设置系统软件利用时钟触发的开关，按照一天不同时段的天然采光进行调光，不仅节省能源，而且延长了光源寿命。大堂适合配置显色性较高的暖调光源，并要求布光均匀。整个大堂区域包括前台、大堂经理办公桌、休息区、大堂吧、商务中心、楼电梯及通道是一个连续的空间，灯光照明具有一定的导向作用，各个区域的灯光照明既统一协调，又有一定的个性差别，如休息区域的灯光照明及灯饰的风格更注重艺术性，一般选用暗藏式灯具作为情景照明，落地灯作装饰照明，天花灯作为辅助照。酒店大堂灯饰的选择应与整体设计风格相协调。常见采用的灯具有ＬＥＤ筒灯、烛台吊灯、水晶吊灯、田园吊灯。大堂灯光照明设计应保持光环境的整体性和色温的一致性，既要兼顾不同功能区域的局部照明特点，保证有足够的光照度，又要避免"眩光"（图 6-1 ～图 6-9）。

（二）餐饮空间的灯光照明设计

餐饮空间灯光照明设计应采用整体的功能性照明和局部的情景性照明相组合的方式。光照强度适中，灯具

布局以"见光不见灯"为原则，尽量避免因灯光的直接照射而产生的"眩光"。餐饮空间一般不宜单独采用日光灯照明，因为显色差，日光灯光照之下的人与物都会偏青，显得苍白。餐饮空间灯具的造型应与餐厅的整体装饰风格相一致。酒店餐饮通常设中餐厅、西餐厅、特

图 6-2　卫生间灯光照明　MY 酒店

图 6-3　大堂灯光照明　杭州城中香格里拉大酒店

图 6-4　中庭灯光照明　韩国首尔 Blossoms 四季酒店

图 6-5　中庭灯光照明　武汉洲际酒店中庭

图6-6　过道灯光照明　厦门润丰吉祥温德姆至尊酒店

图6-7　客房灯光照明　纽约柏悦酒店官方摄影高清

图 6-8　客房灯光照明　杭州钱江新城万豪酒店

图 6-9　卫生间灯光照明　杭州钱江新城万豪酒店

色风味餐厅三大类，灯光照明设计虽然共同要求配置接近自然光源的低色温、显色性高的白炽灯、奶白灯泡、磨砂灯泡等暖调光源，以确保餐桌上的菜肴造型和色彩的真实性，激发人们的食欲。但是由于客人的餐饮习惯、餐饮场合的不同，灯光照明的方式、灯具灯饰的艺术风格各有特色。

（1）中式餐厅：中式餐厅常用于商务的或其他方面的正式宴请，所以照明的整体气氛应该是正式的、友好的。中式餐厅的设计大多会采取"正中人和"的传统风格。中式餐饮十分讲究菜肴"色、香、味、形"俱全。中餐厅灯光照明宜采用显色好、高明度的暖色光源，照明亮度应高于西餐厅，餐桌桌面上方应设置重点照明，侧面壁灯或若干投光灯的配置可强化用餐人的脸部轮廓和表情。中餐厅灯具大都选用具有中国特色的彩灯、宫灯，灯具装饰十分注重中国传统文化元素的融入（图6-10）。

（2）西式餐厅：西式餐厅突出西方文化特色，通常用于非正式的商务聚餐或友人聚餐，灯光照明的整体气氛应该是温馨而富有情调的，照明度较中国式餐厅低得多。由于就餐为非正式，虽不要求看清对方的面部表情，但为了确保餐桌桌面上餐具、菜肴的精美亮丽，采用显色性较高

的重点照明依然重要。一般来说，餐厅装修照明以悬挂餐桌上方的吊灯效果为佳，柔和的光晕聚集在餐桌中心，具有凝聚视觉和用餐情绪的作用。但餐厅吊灯悬挂的高度、灯罩和灯球的材质与造型应精心设计，必须避免令人不舒服的"眩光"产生（图6-11）。

（3）宴会厅：高档酒店宴会厅是举办宴请宾客、婚庆礼仪等活动的重要场所。宴会厅的灯光照明设计，应采用造型大气优美的大型吸顶灯灯饰，豪华富丽的宫殿式吊灯与点光源筒灯、射灯的组合照明方式，以烘托宴会厅热烈气氛和渲染富丽堂皇的场景（图6-12、图6-13）。

（4）特色风味餐厅：特色风味餐厅的灯光照明设计应突出不同的地域文化特色，与菜肴特色相吻合。

（三）客房的灯光照明设计

酒店客房应该像家一样，客房睡眠区域的灯光照明要求营造亲切、温馨、柔和、宁静、安逸的情调。床头阅读照明应配置可调光的壁灯或台灯；工作区域的书桌应配置台灯；卫生间照明以柔和均匀为宜，以营造清爽、洁净的氛围，采用防雾筒灯或吸顶灯为基础照明；梳妆镜前灯要求选择既能满足局部照明，又保证显色性良好的灯具。

图6-10 中餐厅灯光照明 北京诺金酒店中餐厅

图 6-11　西餐厅灯光照明　奥地利维也纳帝国酒店西餐厅

图 6-12　宴会厅灯光照明　大连——方城堡豪华精选酒店

图6-13　宴会厅灯光照明　天津丽思卡尔顿酒店宴会厅

（四）娱乐空间的灯光照明设计

酒店娱乐空间的灯光照明设计注重艺术气氛的渲染，设计需要选择不同的灯具和灯源。

（1）舞台的灯光照明设计：舞台灯光照明设计是舞台艺术的一部分。舞台灯光的调光系统，指挥控制着整个舞台的灯光照明，灯光时明时暗，时强时弱，时冷时暖，光色似水乳交融变幻无穷，创造了热烈欢快、光辉灿烂、富丽堂皇、高贵典雅、甜美温馨、悲惨寂寞、神秘科幻、浪漫刺激等各种时空效应和情调气氛。由于舞台灯光具有强烈的气氛烘托、场景渲染的艺术感染力，因此它与舞台布景、音响一样已经成为戏剧、电影、舞蹈、音乐、时装表演等表演艺术不可分割的部分。

舞台灯光设计必须掌握光的加法混合原理。灯光设计师巧妙地运用红、绿、蓝、白等色光，通过光线强弱和混合光量的比例变化，便可创造出各种理想的色光。舞台灯光的灯具除普通照明灯具以外，专门设计的特种灯具有适用于舞台表演的追光灯、回光灯、天幕泛光灯、旋转灯、光束灯、流星灯等，每一种灯可营造不同的艺

术气氛。

激光是现代舞台灯光的新光源。所谓激光是通过激光器发射的光束，一束激光是由若干种波长的光组成的平行光，它通常具有比普通光源发出的光束亮度大得多的功率，因此激光在舞台灯光艺术中已得到广泛应用。如酒店歌厅、舞厅在强烈流动的激光束灯光照明之下，交相辉映，闪闪烁烁；震撼人心的摇滚音乐和现代舞姿，令如醉如痴的歌星、舞星和歌迷、舞迷们沉浸于一片音乐海洋和狂热的舞池之中。激光在舞台灯光照明中应用，充分展现了的声、光、电综合艺术的魅力。

（2）霓虹灯的灯光照明设计：霓虹灯在酒店娱乐空间中发挥重要作用。霓虹灯是利用气体放电发光的灯具。将细长的玻璃管弯制成所需的各种形状的图形，然后抽去管内空气并充入少量的氩或氖等惰性气体，通电后，就能发出彩色的光。灯光颜色随所充气体而异，如果充入是氖气则发出红橙色光，如果充入是氩气和汞混合的气体则发出青色光，如果充入是氖和汞的混合气体则发出绿色光。为了获得更多的颜色，还可在玻璃管壁上涂有不同的荧光物

质。霓虹灯艺术已被广泛应用于灯箱广告、路牌标记、橱窗设计、展示设计以及其他装饰艺术领域。夜间酒店在霓虹灯和其他电光饰的打扮装饰下，那高大的建筑犹如少女穿上晚间礼服盛装，显得更加优美动人，富有魅力。霓虹灯和电光饰可谓是用光绘制的艺术。霓虹灯装饰色彩设计的原理为加色法混合，由于电光源色对人眼的直射，加上

光线断续时亮时灭不断变换，容易产生视觉残像而引起炫目和疲劳，因此霓虹灯光色彩设计必须注意两方面问题：第一，为了减少眼睛的疲劳，各种色光必须建立一定的光谱秩序，使强烈的光刺激增加柔和感；第二，霓虹灯点灭、转换的时间间隔必须选择最佳的时间比，运用时间的律动性增加节奏感（图6-14～图6-17）。

图 6-14　酒吧灯光照明　上海费尔蒙和平饭店酒吧

图 6-15　咖啡吧灯光照明　巴黎瑰丽酒店咖啡吧

图 6-16　KTV 灯光照明　量贩式 KTV

图 6-17　泳池灯光照明　北京诺金酒店

第七章　酒店室内空间的构成原理

所谓"空间"是指物体存在的一种客观形式，由长度、宽度和高度构成。人类居住的空间是相对于自然空间而言的，是人类为了自身的生存、安全而创造的物质产品，人类对空间的需求有一个从低级到高级、物质到精神的发展过程。

酒店室内空间设计的本质意义是为顾客创造在酒店中从事各种活动的理想环境。目的是在酒店建筑空间的基础上进一步深化室内空间设计，并在空间的限定、分割、组合构成过程中，同时注入文化、环境、技术、材料、功能等因素，从而形成酒店不同的设计风格和特色。

酒店建筑空间限定的基本要素有地面、梁柱、墙面、顶棚四种形态。

（1）地面是酒店建筑空间限定的基础，它限定了一个空间的场。

（2）梁柱是酒店建筑空间虚拟的限定要素。它们之间构成了通透的平面，构成了立体的虚空间。

（3）墙面是酒店建筑空间存在的限定要素，它以物质形态在地面上分割出两个场。

（4）顶棚是酒店建筑空间的限定要素。

酒店空间设计包括以上墙面、地面、顶棚、门窗围合构成的内部空间，以及由建筑物与周围环境中的树木绿化、山石水面、广场喷泉等构成的外部空间。从酒店环境角度考虑，室内外空间的形态、比例、尺度和样式的设计非常重要。

酒店室内空间的功能包括物质功能和精神功能两个方面，两者不可分割。物质功能主要体现在酒店空间的物理性能，如空间的面积、大小、形状、交通、消防、安全以及采光、照明、通风、隔音、隔热等物理环境；精神功能是在满足顾客物质功能的基础上，同时获得精神上的满足和美的享受。

第一节　酒店室内空间的构成方式

一、封闭式空间

封闭式空间是指由建筑材料或承重结构围护的空间实体，在视觉、听觉等方面具有较强的隔离性。封闭式空间有利于隔绝外来的各种干扰，具有区域性、安全感和私密性特点，给人以内向、收敛、亲切、安静之感。酒店客房、会议室、办公室、接待厅等均采用封闭式空间构成方式。

二、开敞式空间

相对封闭式空间而言，开敞式空间的界面围护的限定性和私密性较小，通常采用开洞、启闭、半墙隔断或玻璃虚面等形式来围合空间。其特点是外向开放，强调与室外大自然景观或周围环境的交流、渗透、融合。酒店大堂、开放式办公空间等均采用开敞式空间构成方式。

三、固定空间

固定空间一般是指功能明确、位置固定、封闭性强的空间。常用承重结构作为它的围合面。如卫生间、电梯厅、厨房等均为固定空间。

四、可变空间（灵活空间）

可变空间灵活多变，如利用屏封、帷幕、家具等围合空间，其特点是可根据使用功能上的不同需要，随机应变、灵活机动地重组或改变空间的布局。如酒店多功能厅、标准单元、通用空间和虚拟空间的组合都属可变空间。

五、实体空间

主要是指范围明确、界面清晰，具有较强的领域性的空间。实体空间的围合面大多采用实体材料，一般不具有透光性，具有较强的封闭性、私密性和安全感。

六、虚拟空间 (心理空间)

虚拟空间是指利用人的心理空间感应，采用联想、暗示、象征等手法设计的非实体空间。虚拟空间也称"心理空间"，它没有明确的空间界面，但却有一定的心理空间范围，它寓于大空间之中，又具有相对的独立性。虚拟空间可以借助家具、地毯、陈设、照明、绿化，或以不同材质、色彩的平面变化来限定空间。虚拟空间属于象征性分隔，其特点是空间视野通透，交通无阻，保持了空间序列的交融性与连续性。

七、共享空间

共享空间由著名的美国建筑师约翰·波特曼设计的亚特兰大海特·摄政旅馆首先推出，因此"共享空间"也被称为"波特曼空间"。酒店共享空间一般是指建筑通高几层或垂直贯穿整个室内的空间，也称为"中庭"。中庭与门厅结合，使大堂拓展了接待、管理、服务、休息、大堂吧等多种功能。中庭是酒店室内设计的重点，一般定为酒店空间序列的高潮。高大豪华的气派，灵活多变的空间场景，绿化、水池、瀑布和透光的顶棚、咖啡座、音乐台、鸡尾酒廊、平台餐厅、小商亭、花店等设施是顾客休息、娱乐、交往的理想场所。多层中庭空间的周围一般设有各式餐饮、商店、会议室、健身房等，高层中庭的上部周围一般设客房。

第二节　酒店的空间组合、分隔、序列及光在空间构成中的影响

整个酒店的空间由多个空间组合构成，每个空间功能虽然具有相对的独立性，但并不是孤立的，它们必须保持设计风格上的一致性，功能上的完整性和空间序列的系统性。酒店空间组合必须根据酒店建筑的性质、类别、规模等总体要求，确定建筑平面功能区域划分，分清主次、明确流线，合理选择空间组合的方式，使每个相对独立的空间连续有序地衔接在一起，并构成一个有机的整体。

一、酒店空间组合的主要方式

（一）并联式空间组合

并联式空间组合是指功能性质相同和结构特征相似的空间单元，以重复并联的方式组合构成的空间设计，运用这种组合方式的空间不分主从关系，适用于酒店客房的空间设计。

（二）串联式空间组合

串联式空间组合是指将各种不同功能或形式的空间单元有序地串联在一起的空间设计，这种空间组合呈序列、线性排列，故也称为"序列组合"或"线性组合"。

（三）集中式组合

集中式组合通常是一种向心式构图，它由多个不同的次要空间围绕着占主导地位的中心空间组合构成。

（四）辐射式组合

这种组合方式兼有集中式和串联式空间组合构成的特征。它由一个占中心地位的主要空间和若干呈辐射状扩展的串联空间组合而成。辐射式组合空间通过分支向外拓展，又与周围环境紧密结合。这些辐射状分支空间的功能、形态、结构可以相同，也可不同，距离可长可短，但应以适应不同的基地环境变化为原则。该空间组合方式常用于群楼型酒店的空间设计。

酒店室内设计师应根据功能分区、交通组织、采光通风以及外部景观等综合因素，合理选择、灵活运用空间组合方式。

二、酒店空间分隔

（一）绝对分隔

主要以从地面到顶的承重墙、隔墙实体界面分隔空间，隔离视线、声音、温湿度，保证了抗干扰、安静、私密功能的需要，如酒店客房、会议室空间设计。

（二）相对分隔

任何酒店室内建筑空间都必须根据不同功能的需要相对分隔划分为不同的区域。相对分隔形式有以下三种。

（1）利用装修分隔：通常是指落地罩、屏风式博古架隔断、活动折叠隔断、虚设的列柱和翼墙等隔断。在中式风格酒店餐厅的空间设计中大多采用落地圆洞罩隔断，灵活多变的小空间可组合构成较大的宴会厅。

（2）利用建筑小品、绿化分隔：通过水池、花架、喷泉和绿化等对室内空间进行划分。它不但保持了大空间的完整性，又能使室内空间的功能有一定的区分，能使室内环境洋溢出自然的气息。

（3）利用家具分隔：利用橱柜、桌椅等家具的布置分隔空间。这是大空间办公室空间分隔的常见形式。

三、酒店空间序列

酒店空间序列是关系到各个空间形态的总体布局，是一个较复杂的空间组合。它如同一部大型交响乐演奏，需要有前奏、引子、高潮、尾声构成完整的序列。

人们不可能在静止的状态下一眼望穿酒店室内空间的全部，只能沿着一定的路线从一个空间到另一个空间逐次

感受，最后才能获得的整体印象。因此，酒店空间组合构成应该把空间的序列和时间的先后这两种因素同时予以考虑，并保持各个空间有序的、连续的关系。

（一）酒店空间序列的过渡和衔接

人流所经的空间序列应当要处理好空间与空间之间的过渡和衔接关系。入口是进入空间序列的开始，出口是空间序列的终结，内部空间是每个空间序列的展开。为了保持每个空间之间良好的衔接关系，在一个连续变化的空间序列中，可安插某一种空间形式的重复和再现，以有利于保持序列的连贯性。

（二）酒店空间序列的高潮与收束

空间序列的展开不仅要有起伏与抑扬，而且要有重点和高潮。平铺直叙，没有重点和高潮的空间序列，会显得十分松散。所谓收束是指空间组合要做到有放有收。小空间只收不放势必使人感到压抑和沉闷，大空间只放不收则会流于松弛和空旷。没有收束，即使空间序列再大，也不足以形成高潮。

（三）酒店空间的重复与节奏

在酒店室内空间组合设计中，通常利用某一种空间形式、同一种母题设计或同一种装饰元素的重复、穿插或再现来增强整体空间的统一性。同一种的空间形式、同一种母题设计或同一种装饰元素如果连续多次或有规律地重复出现，可获得优美的韵律节奏感。

四、光在酒店空间构成中的影响

我们知道，任何一种物质的形态、色彩、空间的视觉效果都必须依赖于光的照射，因为有了光才会感受到物质特性的存在。光可以通过不同的强度、光色，不同的光线角度来塑造空间。光色的强弱直接影响建筑室内空间结构上的虚实、主次、明暗对比和心理上的冷暖变化，室内设计师可以通过顶光、侧光、背光、底光、前景光、整体照明和局部照明，再造空间的形态。

光线是酒店空间构成视觉效果的一部分。光的区域、光的强度、光的色彩、光的层次、光的变幻，直接作用于酒店空间，光可以在一定程度上可以改变酒店空间结构形态和空间特征，也可以改变酒店的空间秩序。光色的此起彼伏与变幻莫测，不仅塑造了不同物理空间，还发挥了不同心理空间的魅力。

第三节　中国古典园林空间构成的启示

中国古典园林文化博大精深，被赞美为"立体的画""无声的诗"，在世界造园艺术中独树一帜，是中国室内设计

师得天独厚的历史文化遗产。中国古典园林空间构成手法是造园艺术的精髓，现代环境艺术及酒店设计师如果加以认真学习研究，一定能从中获得众多灵感和启示。

一、以情构境、托物言志

所谓"意境"，在《现代汉语词典》中解释为"文化艺术作品通过形象描写表现出来的境界和情调"。郑板桥在《题画竹石》中描述："十笏茅斋，一方天井，修竹数竿，石笋数尺，其地无多，其费亦无多也。而风中雨中有声，日中月中有影，诗中酒中有情，闲中闷中有伴，非唯我爱竹石，即竹石亦爱我也。彼千金万金造园亭，或游宦四方，终其身不能归乡。而吾辈欲游名山大川，又一时不得即往，何如一室小景，有情有味，历久弥新乎？对此画，构此境，何难敛之则退藏于密，亦复放之可弥六合也。"此乃作者"托物言志，借景抒情"的自白。国学大师王国维先生在《人间词话》中把"意境"称为境界："景非独谓景物也，喜怒哀乐，亦人心中之一境界。故能写真景物，真情感，谓之境界。"由此可见，意境是情与景的交融。现代学者认为："意境"是指一种能令人感受领悟、意味无穷却又难以用言语表明的意蕴和境界；是形神情理的统一、虚实有无的协调，既生于意外，又蕴于象内；"意"是情与理的统一，"境"是形与神的统一。

中国古典园林所追求的最高审美境界是意境。造园家采用叠山、理水、植物、建筑等元素，把广阔的大自然山水风景，缩移模拟于咫尺之间，正所谓"一拳则太华千寻，一勺则江湖万顷"。造园家通过借景、框景、障景等手法，营造了"一步一景、步移景异""情以景汇，意与象通""情景交融、天人合一"的境界，如同中国山水画长卷，造就了"虽由人作，宛自天开"的深远意境。

幽清明净、虚幻缥缈、安谧闲静、鸟语花香、落花流水、恬静自然、清新明快、雄奇瑰丽、绮丽典雅、清远含蓄、和谐静谧、恬淡闲适、华美壮丽、清新自然、安谧闲静、雄伟壮阔等，是历代文人对园林意境的生动描绘（图7-1、图7-2）。

二、小中见大的空间构成

小中见大、明暗开合、欲扬先抑、敞闭自如、虚中有实、实中有虚、或藏或露、或浅或深等空间对比的手法，使园林空间变化达到了极致。正是造园家的高超手法，在有限空间中创造出了"咫尺山林，多方胜景"。如苏州留园的建筑空间艺术处理就是"小中见大"的空间构成的典范：狭窄的入口内，两道高墙之间是长达五十余米的曲折走道，造园家充分运用了空间大小、方向、明暗的变化，将这条

图7-1 苏州园林拙政园

图7-2 苏州园林拙政园（曲廊）

单调的通道处理得意趣无穷。过道尽头是迷离掩映的漏窗、洞门，中部景区的湖光山色若隐若现。绕过门窗，眼前景色才一览无余，达到了欲扬先抑，小中见大的艺术效果（图7-3、图7-4）。

三、借景

明末著名造园家计成在《园冶》的《兴造论》里提出了"园林巧于因借，精在体宜""泉流石注，互相借资""俗则屏之，嘉则收之""借者园虽别内外，得景则无拘远近"等构筑园林的原则。

借景可谓中国造园家的一大发明。造园家通过巧妙的空间序列设计将园外的景色被借到园内，随着人的视野的扩大，使园外空间向园内渗透延展，相互沟通、融为一体，形成了"园外有园""景外有景"视觉效果。

同时，利用映入水池的楼影、花影、树影、云影的景影相照；透过洞门的花木、廊桥、厅堂的别有洞天；蜿蜒曲折的廊桥、花窗，构成移步异景的"柳暗花明"，风声、水声、鸟语、花香的情景意趣，创造"境生于象外"艺术境界（图7-3）。

（一）借景内容

（1）借山、水、动物、植物、建筑等景物：如"远岫屏列、平湖翻银、水村山郭、晴岚塔影、飞阁流丹、楼出霄汉、蝶雉斜飞、长桥卧波、田畴纵横、竹树参差、鸡犬桑麻、雁阵鹭行、丹枫如醉、繁花烂漫、绿草如茵"。

（2）借人为景物：如"寻芳水滨、踏青原上、吟诗松荫、弹琴竹里、远浦归帆、渔舟唱晚、古寺钟声、梵音诵唱、酒旗高飘、社日箫鼓"等人们活动的情景。

（3）借天文气象景物：如"日出、日落、朝晖、晚霞、圆月、弯月、蓝天、星斗、云雾、彩虹、雨景、雪景、春风、朝露"等景色。

（4）通过声音来充实借景内容：如"鸟唱蝉鸣、鸡啼犬吠、松海涛声、残荷夜雨"等。

（5）人工设置借景：如小品、山石、花木等补景。

（二）借景手法

因距离、视角、时间、地点等不同，借景手法可分直接借景和间接借景两类。

（1）直接借景的手法有以下几类。

近借：在园中欣赏园外近处的景物为近借。

远借：在不封闭的园林中看远处的景物，如靠水的园林，在水边眺望开阔的水面和远处的岛屿。

邻借：在园中欣赏相邻园林的景物。

互借：两座园林或两个景点之间彼此借对方的景物。

仰借：在园中仰视园外的峰峦、峭壁或高塔。

俯借：在园中的高视点俯瞰园外的景物。

应时借：主要指借天文景观、气象景观、植物季节变化景观和即时动态景观等。

（2）间接借景——间接借景是一种借助水面、镜面映射或反射物体形象的构景方式。由于静止的水面能够反射物体的形象而产生倒影，镜面或光亮的反射性材料能映射出相对空间的景物，使景物视觉感受格外深远，并有助于丰富自身表象以及四周景色。

图7-3 苏州园林网师园

图 7-4　苏州园林留园

图 7-5　苏州园林狮子林

四、迂回曲折的空间序列

园林曲廊或随山势蜿蜒上下，或跨水曲折延伸，使空间与景色渐次展开，连续不断，周而复始，犹如观赏中国画山水长卷，"有一气呵成之妙，而勿一览无余之弊"。园林空间通道的迂回曲折，不仅增加了路程距离的长度，同时使游人心理上"曲径通幽"，扩大了空间感（图7-4）。

五、山石绿化的掩映

山石绿化造景是造园的重要元素。花木池鱼为天然，屋宇建筑为人工，唯叠石造山是天然与人工的结合，体现了造园家"师法自然""天人合一"的造园观念。千姿百态、玲珑剔透的"太湖石"被称为抽象的雕塑。山石为园林赋予了丰富的内涵和灵性，山石造景不仅有其独特的观赏价值，而且还能陶冶观赏者的情操；品种繁多、婀娜多姿的树木、五彩缤纷的花草植物给人以美的精神享受（图7-5）。

第四节　酒店的室内空间设计

现代酒店建设是商业与管理、科学与艺术、工程与技术的共同体。酒店室内设计仅仅是酒店建设系统工程的一部分，它涉及投资商、酒店管理者、建筑设计师、工程建造师、室内设计师、施工管理者，同时还包括建材、水电、消防、暖通、五金、强电、弱电、通讯、设备、灯光、音响、家具、软装、艺术品等众多相关方面人员共同的参与。任何一个酒店室内建筑设计项目如果离开了各方面的共同协作，是无法实现和完成的。作为酒店室内设计师必须主动参与并积极配合有关方面的工作，才能保证设计项目的完成。

酒店室内空间设计应遵循以下四大原则。

（1）每个空间的功能布局及面积大小应与整个酒店的规模及客户总数成比例。

（2）酒店每个空间设计风格应与酒店的主题元素和整体风格定位相吻合。

（3）酒店空间动线设计应避免客流动线通道与服务流线通道的交叉。

（4）必须符合国家规定的有关酒店设计的各项强制性规范。

一、大堂空间设计

酒店大堂是酒店形象的标志，装饰风格或高贵豪华，或温文尔雅，或金碧辉煌，或温馨浪漫，或妖娆动人。功能齐全，服务热情、周到，招揽着众多宾客。它的艺术风格和服务水平直接影响到酒店的品位和档次，并会给宾客带来深刻的第一印象。

大堂是宾客人流的聚散地，是整个酒店运营功能的枢纽。大堂空间包括门厅、总服务台、休息厅、大堂吧、楼（电）梯厅、卫生间、餐饮和会议前厅以及行李和小件寄存处、珠宝或礼品店、花店、书店等辅助设施。现代豪华酒店还设有中庭、水池、喷泉和绿化等。由于大堂室内设计是酒店设计的点睛之笔，为了营造的宾至如归的氛围，设计师必须在空间造型、装饰风格、比例尺度、色彩构成、灯光照明、材料肌理质感、交通流线等方面把握细节，精心策划。大堂区域的空间设计主要包括以下六个方面。

（一）门厅

门厅是酒店迎送来往宾客的场所。门厅入口处应设两道门，一道为自动感应门（旋转十字门或自动门）。主入口为了御寒、保温、节能等室温控制，可选择双股人流同时进出的旋转十字门。另设一道推拉门，以便于大量人流和提行李人员的出入。高档酒店门前应有迎宾员工负责手工拉门迎候。门厅风格大致可分为现代式、庭院式、古典式和棚架式等。门厅的风格应与酒店空间整体风格相一致。门厅最常见的平面布局方法是将总服务台和休息区分在入口大门区的两侧，楼、电梯位于正对入口处，其中总服务台、行李间、大堂经理及台前等候区域应靠近入口，休息等候区应偏离主要人流路线。门厅应设置酒店内部分布区域的标识指示系统，以方便客人快速精准入住和到达目的地。门厅地面和墙面宜采用高级花岗岩、大理石等装饰材料，门厅柱子宜使用不锈钢贴面或圆形花岗石贴面，门厅入口装修材料常用不锈钢、玻璃。门厅色彩宜采用明亮宽敞、沉稳、洁净的色调，顶棚宜采用高贵华丽、光辉灿烂的大型吊灯或花灯，顶部灯光照明与四周墙面、柱子的灯槽辅助照明应互相呼应。

（二）总服务台

总服务台是酒店对外服务的窗口，具体负责订房、登记、问讯、调度、寄存、结账、客房状况控制以及酒店综合性业务管理工作。总服务台的装饰设计直接体现酒店的形象和档次，其装饰风格必须与大堂整体装饰风格相一致，总服务台的面积应与酒店的规模和大堂面积相吻合。总服务台应分设二级台面，外上层供宾客使用，内下层是服务员的操作台面。酒店总服务台由于使用频率高，台面装饰材料宜采用经久耐用的高档华贵的大理石、花岗岩，立面可采用石材、木材或皮革组合构成，色彩一般选择黑、棕灰色居多。服务台上部设顶楣，吊顶可采用成排筒灯装饰照明，服务台背景墙是整个大堂的视觉中心，可选择大型壁画或装饰浮雕，其装饰风格应与墙面装饰相呼应。

（三）大堂吧

大堂吧是指位于酒店大堂公共区域，提供休息、等候、茶饮、咖啡、酒水等服务的开放式空间。随着现代人们消费需求和酒店经营理念的拓展，酒店大堂公共区域已经蜕变成为酒店创造盈利的消费型的大堂吧（图7-6）。

随着现代酒店大堂吧功能的多元化趋势，大堂吧装修设计的内容更加丰富多彩，其装饰风格也更趋生动活泼。如：灵活多变的室内空间，透明亮光的玻璃落地窗，工艺精湛的艺术品装饰，熠熠生辉的灯光照明，精心布置的家具软装，婀娜多姿的室内绿化，舒适宽敞的幽雅环境，情意浪漫的咖啡吧茶座，琳琅满目的酒品饮料，品种多样的小型自助超市，美味佳肴的家庭日间餐吧，地方特色的风味小吃，桌球、琴台、乐队、舞池等表演秀场，主题性艺术走廊，民族民间特色的工艺品陈列，中外文时尚杂志报刊的书吧等，如今，具有独特魅力的大堂吧成了吸引顾客们驻足享受的绝佳场所。如今酒店大堂吧将等候、休闲、文化、娱乐、餐饮等融入其中的多功能设计理念，不仅是一种符合潮流的时尚，而且越来越受到现代酒店主流消费群体——广大年轻顾客的青睐。

（四）中庭

中庭是将酒店大堂室内环境室外化的多功能共享空间。通透采光的顶棚，高大宽敞、豪华气派的空间，上下运动的观光电梯，熙熙攘攘的人群营造了一个多么富有生气的场景。设计师通过绿色植物、水池、瀑布等微缩自然景观的精心布置以及室外自然景观的引入，使室内环境洋溢着室外庭园的情趣。宾客们在室内环境中同样能感受到美丽的自然风光。中庭在酒店室内设计中占有很重要的地位，庭院天井式的休闲聚会空间，能给宾客创造了情侣约会、好友小聚、小憩品茗、商务洽谈的良好氛围。

（五）楼（电）梯厅

从主入口和电梯厅直接通向前台的流程必须宽阔、无障碍。客梯厅需要位于前台的视线范围内，并处在酒店大堂的中心位置。客梯的数量需达到设施和区域设计规划中的IHG的要求，各电梯必须并排或面对面排列。电梯轿厢门之间的净宽不得小于3.5m，且不得大于4m。

（六）卫生间

大堂卫生间属公共厕所、专供酒店大堂及其他附近公共区域的客人使用，行走距离一般不得超过40m。大堂公用卫生间虽然是大堂的次要空间，但切不可小视，因为它体现酒店的档次和品位。卫生间应采用封闭式空间并选择在大堂比较隐蔽的位置，不应直接面对大堂，门外设过渡空间，避免外面直接看见里面人的活动。

二、餐饮空间设计
（一）宴会厅空间设计

宴会厅包括宴会大厅、门厅、衣帽间、贵宾室、音像控制室、家具储藏室、公共化妆间、厨房等的空间构成。宴会大厅兼有招待会、婚礼、舞会、会议等多种功能。其设计应遵循下列基本原则。

（1）五星级酒店的大宴会厅通常都不小于40m×24m（可布置60个标准桌），净高通常都在6m以上。

（2）宴会厅要设前厅，所谓前厅是设在宴会大厅之外过渡空间，一般应紧邻玻璃窗户，有较好的自然采光，以便来宾同时能欣赏窗外景观。为满足宾客人流、休息、活动的要求，其理想面积应为宴会厅面积的1／3左右（以站立的人所占用的面积是坐着的1/3左右的数据为参考）。

（3）贵宾室大小可根据接待的规格而定，其位置应紧邻大厅主席台，并设置直接通往主席台的专门通道，贵宾室应配置高档家具沙发和专用洗手间。

（4）宴会厅和厨房、储藏间的服务动线必须与客人动

图 7-6 大堂吧空间设计

线完全分离。

（5）宴会大厅的出入口应设双道门，净宽不小于1.4m，门应向疏散方向开启。为于满足疏散人流集中使用，设置垂直专用客梯非常必要。

（二）餐厅空间设计

餐厅包括中餐厅、西餐厅、风味特色餐厅、咖啡厅、茶餐厅、茶馆、火锅店等。各类餐厅空间的设计元素都应有其不同的风格特色与饮食文化主题，家具配置、艺术品摆设、画品、饰品、灯具、灯饰、餐具器皿、灯光照明、空间氛围应满足不同顾客的不同诉求。

三、客房空间设计

客房空间包括睡眠区、接待区、卫生间、储物空间等。客房类型包括单人标间、双人标间、经济套房、行政套房、豪华套房、总统套房。

其中总统套房是五星级以上酒店必须设置的最豪华的客房，具备接待国家元首、政务要员的住宿条件，简称"总统房"。实际上总统套房大多时间供接待集团总裁、富商巨贾、影视明星等贵宾入住。

总统套房由若干个房间组成，可分为两部分：一部分是总统及家人使用的房间，包括总统卧室、夫人卧室、办公室（书房）、会客室、会议室、餐厅、备餐间、小型厨房、康乐室、健身室、室内游泳池等；另一部分是工作人员使用的房间，包括随从房等。总统套房设计硬件设施必须完备，在设计风格上，除了奢侈豪华外更注重文化内涵与风格品位。

四、娱乐空间设计

娱乐空间包括酒吧、水吧、夜总会、KTV、电子游戏室、室内高尔夫、综合包间、小剧场、音乐厅、放映厅等。娱乐空间不仅是一种休闲场所，而且还是代表一种新潮的娱乐方式。娱乐空间设计应以现代流行潮流为主题，无论是空间布局、色彩运用、家具风格、灯光照明、视听设备、主题装饰画品等选择都应将现代流行元素融入每个细节当中。装修大多采用富有时代感的发光材质、玻璃及金属材料。

五、健身空间设计

随着现代都市生活、工作节奏的加快，身心疲惫的人们渴望从健身运动中得到某种调节，以重新获得健康生活的平衡。当今健身不仅为了有一个健康的体魄，更是年轻人生活的一种时尚。

健身房空间分为功能区域和扩展功能区域。功能区域主要包括体操房、瑜伽练功房等，空间设计应尽量避开立柱，正面墙配备整块玻璃教姿镜，以达到自我校正姿势和扩大空间视觉效果，墙壁周围安置用于形体训练的把杆。功能区域还包括桑拿淋浴房、SPA等，附设更衣室、储物间、前台接待、工作（办公）区域。健身房的洗浴设施必须确保防水防渗。器械健身区域的器械如跑步机、动感单车、登山机等因重量、压力较大，必须考虑楼层的承重问题。

扩展功能空间区域是指在健身项目基础上增加的健身服务。如游泳池、戏水乐园、温泉中心、洗浴中心、按摩室、美容美发、保龄球馆、跆拳道馆、乒乓球馆、壁球馆、羽毛球场、网球场、棋牌康乐室、拓展运动基地、小型游乐场等。扩展区域一般设休闲娱乐区域、餐饮区域，不同的空间功能应选择不同的空间构成方式和不同的装饰风格。

第八章　酒店室内软装饰艺术构成

第一节　软装的概念

所谓"软装"是相对"硬装"而言的。"硬装"是指室内装修中顶棚、地面、墙面、门窗、隔断等固定的、不可移动的基础设施的装修，"软装"是泛指空间环境设计中所有可移动的物件及装饰，包括家具、窗帘、沙发、壁挂、地毯、床上用品、画品、陶瓷、布艺、花艺、灯艺、绿化以及博古、陈设等。

"佛要金装，人要衣装"，室内环境需要"软装"。酒店"软装"设计是在"硬装"空间设计基础上的深化和锦上添花，包括材料的运用、色彩的搭配、家具的摆放、灯光的配置、饰品的陈列、摆件的点缀及风格的定位，如果把"硬装"比作酒店室内环境的"躯壳"，那么"软装"则是酒店装修的"灵魂"。酒店通过"软装"才能进一步展现它的艺术风格和文化内涵，并在物质上和精神上满足宾客的需求。

第二节　酒店"软装"的基本元素

一、家具

家具包括支撑类家具、储藏类家具、装饰类家具。如沙发、茶几、床、餐桌、餐椅、书柜、衣柜、电视柜等。家具在室内空间除了实用、装饰功能外，还具有一定的调节空间关系的作用，如通过家具组合布置来营造虚拟空间。酒店家具主要有欧式、美式和中式三大类，风格特点各有不同。

（一）欧式家具

欧式风格的家具，以意大利、法国、英国和西班牙风格的家具为主要代表，讲究手工精细的裁切雕刻。其中，法国和意大利家具尤以镶嵌细工见长，轮廓和转折部分由对称而富有节奏感的曲线或曲面构成，并装饰镀金铜饰、仿皮等，结构简练，线条流畅，色彩富丽，艺术感强，整体感觉华贵、优雅、庄重。传统的欧式古典家具都为欧洲贵族们所专用，讲究奢侈气派、高贵典雅，具有浓厚的欧洲古典建筑风范，已经成为一种历史的经典。现代欧式家具可细分为：欧式新古典风格家具、欧式田园风格家具、欧式简约风格家具三种。

（1）欧式新古典风格家具：欧式新古典家具摒弃了古典家具过于烦琐的装饰和复杂的线条，它将欧式风格古典风范与个人的独特风格和现代精神结合起来，使欧式家具呈现出多姿多彩的风貌和开放、宽容的非凡气度。色彩装饰常以白色、咖啡色、黄色、绛红色为主色调，少量白色糅合。

（2）欧式田园风格家具：简洁、明晰的线条和优雅得体、崇尚大自然的装饰，传统手工艺，现代的先进技术，使得欧式田园风格家具显得更加雍容大气。

（3）欧式简约风格家具：又称简欧风格家具。在继承欧式古典家具传统风格的基础上，更多的是追求家具符合人体工程学的舒适度与实用性，它摒弃了古典家具的烦琐装饰，采用简约线条和天然的实木纹肌理，但又不失高贵和典雅。

（二）美式家具

美式家具既继承了欧式家具传统风格，又摒弃了欧式家具过多的烦琐与奢华，兼具了古典主义的优美造型与新古典主义的实用功能。美式家具造型一般简洁、明快、粗犷、古朴、体大、厚重，整体效果具有大气、雍容、华贵、富丽、舒适、实用等特点。美式家具用材讲究，多以桃花木、樱桃木、枫木及松木制作。一般多有做旧和使用的痕迹，富有木纹肌理质感，涂抹的油漆多为暗淡的哑光色。

（三）中式家具

中式家具多以明清家具为代表，清雅含蓄，赋有东方文化内涵的庄重与优雅双重气质。

（1）明代中式家具：造型简练、结构严谨、线条流畅、装饰适度、繁简相宜、比例匀称、木质坚硬、卯榫结构、制作精细（雕、镂、嵌、描无所不能）、纹理优美、色彩浓重。具有格调高雅、简朴优美和经久耐用的特点。

（2）清代中式风格家具：品种繁多、造型在明式家具的基础上有所创新。以色泽深沉、纹理细密、质地坚硬的硬木紫檀为首选材料。工艺复杂、装饰丰富、融汇中西方文化是清代中式风格家具最显著的特征。

如今，中式风格家具经过不断的创新发展，除了保留原有明清的风格特质外，已融入了现代元素。现代新中式家具不仅具有原有的古朴典雅的文化内涵，而且还增添了一份时尚的感觉。

二、艺术品

艺术品包括绘画、工艺品、陶瓷、铁艺、挂画、插花、漆画、壁画、装饰画、书法作品、雕塑、古董等。艺术品装饰不仅是彰显酒店文化艺术品位的"点睛之笔"，而且是直接吸引顾客的卖点。

当代酒店软装中艺术品的布置占有很重要的地位。有些酒店业主甚至将陈列展示收藏的名家绘画作品、文物古董、民间民俗工艺品，作为提高酒店文化品位和招揽顾客的重要商业手段。

（一）画品

画品是酒店软装不可或缺的艺术品。用于装饰酒店的画品种类主要有中国书画、油画、装饰画、漆画、金箔画、版画、水彩画、抽象画、浮雕等。风格不同的酒店应选择不同的画品，如中式风格的酒店可选择人物、山水、花鸟题材的中国画、漆画、金箔画以及书法作品；欧式古典风格的酒店可选择人物、风景、静物等古典油画；现代风格的酒店可选择现代题材的抽象画、装饰画；田园风格的酒店可选择花卉、风景题材的水彩画、装饰画。

中国书画一般适用于中式风格酒店的大堂接待区、休息区、会议室。布置在大堂的以贵族人物为题材的大型油画备受接待西方客人青睐，浴室洗手间挂上的小型油画、装饰画给人以身心愉快之感。前卫的抽象画适合于后现代主义风格的酒店，一般摆放在酒吧、餐厅等位置，既可以刺激人们的食欲，又营造了时尚、浪漫、激情的氛围。

（二）饰品

饰品主要是指艺术品摆件，主要摆放在公共区域、桌子、橱柜中供人欣赏。饰品有陶瓷、工艺品、雕塑、乐器等，其次还包括艺术屏风、烛台、金属玻璃器皿、镜子等。饰品布置具有可移动性的特点，可提供多变的摆放方案。陶瓷不仅具有观赏价值，同时还可作为饮食器皿。如高贵典雅的中式陶瓷广泛用于中式酒店和中式餐饮。栩栩如生的人物、动物雕塑大多摆放在大堂两侧和接待处、会议室，为空间增添了艺术的氛围。造型优美的西式乐器中的钢琴、大提琴、竖琴和中式乐器中的古筝、编钟都可以成为酒店大堂、休息室和餐厅空间的艺术摆设。题材广泛、造型生动、材质丰富、纹饰别致、工艺精湛、品位高雅、文化内涵深邃的饰品摆件，不仅给公共空间增添了浓厚的文化艺术气息，而且还能让人在艺术欣赏中起到陶冶性情的作用。

三、布艺织物

布艺织物包括窗帘、地毯、帷幔、床上用品（包括被子、床单、枕头、抱枕等）、毛巾、浴巾、桌布、桌旗、靠垫等。质地柔软、图案繁多、款式时尚、色彩丰富的布艺装饰不仅柔化了酒店生硬的室内建筑空间，还为酒店营造出了或雍容华贵、或富丽堂皇、或清新自然等多种文化艺术氛围，并赋予了酒店不同的特色与品位。在酒店软装布艺中以窗帘、地毯、床品的设计尤其重要。

（一）窗帘

窗帘在酒店软装中主要用于客房、餐厅、休息区、会议室等场所。窗帘的主要功能是与外界隔绝，保持居室的私密性，给房内增加了温馨的暖意。窗帘既能遮光，又可以起到吸音、隔音、保暖、隔热、防辐射、防紫外线等作用。现代窗帘经纳米等高科技处理还具有阻燃、节能、抗菌、防霉、防水、防油、防污、防尘、防静电等多种功能。窗帘的开启方式有手动和电动两种。现代酒店窗帘布艺，传统的遮蔽隐私这功能已不能满足到顾客的需求，而是更多的是强调渲染室内空间气氛，强化艺术品位。窗帘的主要原料有棉、毛、丝、麻、化纤以及混纺、金属等。主要品种有染色、印花、提花、色织、锦缎、乔其纱、绣花、无纺布等。窗帘原料材质、织造工艺、款式加工等的不同所表现的艺术风格也不同，如棉质窗帘柔软舒适，丝绸窗帘高贵华丽，纱帘柔情飘逸，珠帘晶莹剔透。

窗帘按透光程度分有透光、半透光和不透光三类。它们各具特色，如透光的窗纱，具有轻盈飘逸之感；半透光的色织布具有朴素典雅之感；不透光的锦缎、天鹅绒、平绒，具有高贵华丽之感。

（二）地毯

酒店地毯既具有隔热保温、隔声防噪、抗风湿、富于弹性且脚感舒适等功能。由于现代科学技术的进步，现代地毯还具有吸尘、抗污、抗电、防燃、发光、电热、变色等多种功能。高档酒店的地毯应根据的不同区域而设计，如有大堂、客房、走廊、电梯厅、餐厅、会议室、接待室办公区域、娱乐区域等由于功能的区别必须有专用的地毯设计。不同装饰艺术风格的地毯能给酒店不同的室内空间营造出高贵、典雅、华丽、舒适、美观的等不同情调和气氛，并起到引导宾客的导向作用。

酒店地毯的配色十分重要，它直接影响到酒店艺术风格和空间氛围。如黄、红暖色系的地毯能使人感觉舒适和温馨，而冷色调的蓝色、绿色以及紫色则会使人产生一种宁静、凉爽的气氛。酒店地毯的图案花型的大小应与使用空间的大小相匹配，如大空间公共区域地毯设计应以多彩的大花型图案为主，而小空间客房区域则适用色泽柔和的小花型图案。

在现代酒店装修设计中地毯已被广泛使用，酒店地毯图案纹样与色彩的选择，必须与酒店整体设计风格相统一。

（三）床品（含浴室布草）

精美、舒适的酒店客房床上用品不仅能为酒店客房增添美感与温馨，还能为客人营造一个良好的休息环境。床品主要有床单、被套、枕套、床裙、床笠、被芯、床尾巾、床盖、抱枕、靠垫，浴室布草主要有浴袍、浴衣、浴巾、地巾、面巾、方巾、浴帘等。因为床上用品与浴室布草直接与皮肤接触，为了保证客人的健康，面料的环保、安全、舒适、无刺激、吸湿、透气和亲肤是首选，其次才是考虑美观。床品面料大多为高支高密的纯棉、真丝织物。

四、花艺、绿化及造景

花艺、绿化及造景布置是酒店室内设计中不可或缺的装饰艺术，可以说，它们是酒店空间艺术设计中传承文化内涵的一个重要载体，它们与酒店空间相互映衬，相得益彰，蕴涵着不同场所的精神理念和丰富的人格情怀与审美情感。花艺、绿化及造景包括鲜花、干花、盆景、插花、绿化植物、盆景园艺、水景等。它们通过各种艺术创作手法，充分发挥植物本身的形体、线条、色彩等元素的生态自然美，为酒店空间引入了绿色自然的勃发生机，并在室内装饰中起到画龙点睛的作用。

第三节 酒店"软装"的风格

室内装饰风格很多，那么与之对应的室内软装饰风格也不少。市面上的软装风格，可以基本分为以下六类。

一、美式古典风格

美式古典风格也就是我们经常所说的简欧式，简单、抽象、明快是其明显特点。而且多采用现代感很强的组合家具，颜色选用白色或流行色，室内色彩不多，一般不超过三种颜色，且色彩以块状为主。窗帘、地毯和床罩的选择比较素雅，纹样多采用二方连续或四方连续且简单抽象，拒绝巴洛克式的繁复。其他的室内饰品要求造型简洁，色彩统一。灯光以暖色调为主（图8-1～图8-3）。

图 8-1 上海华尔道夫酒店

图 8-2 天津丽思卡尔顿酒店

图 8-3 纽约华尔道夫

二、欧式复古风格

这种风格的特点是华丽、高雅，给人一种金碧辉煌的感受。最典型的古典风格是指16、17世纪文艺复兴运动开始，到17世纪后半叶至18世纪的巴洛克及洛可可时代的欧洲室内设计样式。以室内的纵向装饰线条为主，包括桌腿、椅背等处采用轻柔幽雅并带有古典风格的花式纹路，豪华的花卉古典图案、著名的波斯纹样、多重皱的罗马窗帘和格调高雅的烛台、油画等挂画及艺术造型水晶灯等装饰物都能完美呈现其风格（图8-4、图8-5）。

图 8-4　巴黎瑰丽酒店

图 8-5　法国巴黎经典酒店

三、中式风格

中式风格具庄重、优雅的双重品质。这种风格的特点是墙面的软装饰有手工织物（如刺绣的窗帘等）、中国山水挂画、书法作品、对联和窗檐等；靠垫用绸、缎、丝、麻等做材料，表面用刺绣或印花图案做装饰。红、黑或是宝蓝是主要色彩，既热烈又含蓄，既浓艳又典雅。织物上常绣有"福""禄""寿""喜"等字样，或者是龙凤呈祥之类的中国吉祥图案。房间顶面不宜选用富丽堂皇的水晶灯，宜选带有木制的造型灯（灯光多以暖色调为主）。因为中国传统古典风格就是一种强调木制装饰的风格。当然仅木制装饰还是不够的，我们必须用其他的、有中国特色的软装饰来丰富和完善，比如用唐三彩、青花瓷器、中国结等来强化风格和美化室内环境等（图8-6、图8-7）。

图8-6　杭州钱江新城泛海钓鱼台酒店

图8-7　合肥万达文华酒店

四、日式风格

日式风格亦称和式风格，这种风格的特点是用于面积较小的房间，其装饰简洁、淡雅。一个约高于地面的榻榻米平台是这种风格重要的组成要素，日式矮桌配上草席地毯、布艺或皮艺的轻质坐垫、纸糊的日式移门等。日式风格中没有很多的装饰物去装点细节，所以使整个室内显得格外的干净、利索（图8-8、图8-9）。

图8-8 日本京都四季酒店1

图8-9 日本京都四季酒店2

五、田园风格

田园风格具有自然山野风味。比如使用一些白榆制成的保持其自然本色的橱柜和餐桌，藤柳编织成的沙发椅，草编的地毯，蓝印花布的窗帘和窗罩，白墙上可再挂几个风筝、挂盘、挂瓶、红辣椒、玉米棒等具乡土气息的装饰物。用有节木材，方格、直条和花草图案，以朴素的、自然的干燥花或干燥蔬菜等装饰物去装点细节，造成一种朴素、原始之感（图8-10、图8-11）。

图8-10　Art Heritage 酒店

图8-11　伯利兹 Itz'ana 酒店

六、法式风格

法式风格讲究将建筑点缀在自然中，在设计上讲求心灵的自然回归感，给人一种扑面而来的浓郁气息。开放式的空间结构、随处可见的花卉和绿色植物、雕刻精细的家具……所有的一切从整体上营造出一种田园之气。不论是床头台灯图案中娇艳的花朵，抑或是窗前的一把微微晃动的摇椅，在任何一个角落，都能体会到主人悠然自得的生活和阳光般明媚的心情。法式软装风格还有一个特点是既对建筑的整体方面有严格的把握，又比较善于在细节的雕琢上下工夫。建筑造型上多采用对称造型，屋顶上一般都会有精致的老虎窗。外立面色彩典雅清新。餐厅秉持典型的法式风格搭配原则，餐桌和餐椅均为米白色，表面略带雕花，配合扶手和椅腿的弧形曲度，显得优雅矜贵，而在白色的卷草纹窗帘、水晶吊灯、落地灯、瓶插百合花的搭配下，浪漫清新之感扑面而来（图 8-12 ~ 图 8-14）。

第四节　酒店主要空间的软装

一、大堂区域的软装

客人进入酒店的第一感觉乃是大堂的印象，其空间氛围及软装形象是否具有吸引力至关重要。因此，大堂的软装是设计的重点。大堂服务台、大堂经理、大堂吧、休息区都需要有特色的令人注目配套的家具，但家具造型、设计风格必须与大堂的整体风格相一致，家具摆放位置不应阻碍客流动线。

大堂区域的软装不仅柔化了酒店生硬的室内建筑空间，还为酒店营造出了或雍容华贵，或富丽堂皇，或清新自然等多种文化艺术氛围，并赋予酒店不同的特色与品位。

二、客房区域的软装

客房是酒店的主要产品，是酒店最基本的物质基础，是供客人住宿、休息、会客和洽谈业务的场所，是酒店的主要创收和创利的主要来源。客房部的经营管理和服务水准，直接影响着酒店的形象、声誉和经营效益。

客房属客人的私密性空间，客房最基本的功能是为客人提供安全舒适的睡眠和休息，显然客人对于窗帘、地毯、床品、浴巾、毛巾、浴衣等的选择十分讲究安全环保、清洁卫生、舒适美观；床具设计要造型美观大方，但更注重舒适度，床的尺寸与床垫的弹性、软硬度与必须符合人体工程学的要求。现代酒店客房除提供睡眠、休息以外，还兼有会客、洽谈业务、工作的功能，与此相应的沙发、扶手椅、写字台、电视柜等家具都应配套齐全（图 8-15）。

图 8-12　法国巴黎经典酒店 1

图 8-13　法国巴黎经典酒店 2

图 8-14　合肥万达嘉华酒店

图 8-15　客房区域的软装

三、餐厅区域的软装

餐饮区的家具、窗帘、地毯、灯光照明、饰品、餐具器皿等软装设计风格要求高贵华丽，重在营造高品质的就餐氛围。中式餐厅家具装饰风格较传统，明清红木家具、青铜器、瓷器、文物、古董的摆设，墙面的中国字画装饰等，使空间充满浓郁的中国传统文化色彩；西式餐厅家具风格则以欧式传统或现代风格为主，工艺精致的家具，精美的餐具、摆设，给人以高贵、洁净、雅致之感。宴会厅家具多用台布、椅套，餐桌摆放位置可独立式也有组合长条式。

四、休闲区域的软装

酒店的休闲娱乐区域主要包括歌舞厅、健身房、游戏房等，这些空间场所的家具设计应强调主题性，材质丰富、尺度夸张。灯光照明设计起着渲染场景气氛的重要作用。

五、商务会议区域的软装

商务会议区域是主要为客人提供商务服务的场所。办公家具、休闲沙发、茶几、电视柜等要求配备齐全。家具大都采用长条桌、椭圆形会议桌，设计风格要求简洁、大方、宽敞、舒适，色彩稳重、大气，材质坚固。窗帘、地毯、布艺等色彩大都采用米色、咖啡色等中性色调。

第五节　酒店软装设计的流程

一、酒店实地空间的实地测量

软装设计师必须到实地测量酒店建筑空间的尺寸，并从各个角度拍摄相关照片，了解硬装基础，收集硬装节点，绘出室内空间基本的平面图和立面图。

二、与酒店业主的沟通

软装设计师与酒店业主进行积极沟通，了解酒店的地理环境、地域文化、建筑面积、建设规模、风格特色以及业主对软装设计的基本定位和要求。本阶段软装设计师应根据业主要求并结合原有的硬装风格，进行设计软装方案策划，确定软装设计的基本元素、风格主题。

三、软装方案的初步设计

根据软装设计的策划方案，选择家具、地毯、窗帘、灯饰、饰品、画品、花品、床品等系列软装产品。绘制软装设计构思的平面、立面布局效果图和示意图，并提供材料样板。

四、软装设计方案的汇报

向业主全面、系统地汇报软装初步设计方案，详细说明软装设计的基本元素，色彩、灯光照明、饰品风格特点以及报价。虚心听取业主意见，经共同沟通协商，确定对软装设计初步方案的调整修改意见，并经业主确认。

五、软装设计方案的深化设计

设计师在软装设计初步方案的的基础上，针对业主提出的意见及甲乙双方确认的修改方案进行调整，进一步明确在本方案中采用的软装系列配饰产品以及价格，提供完整的软装设计方案及相关设计文件。并经业主最终确认，签订设计合同。

六、软装产品的采购合同

软装设计师必须协同与业主签订采购合同，尤其是定制家具部分，确定定制的价格和时间。确保厂家制作、发货的时间和到货时间，以确保不影响室内软装工程的进展。

七、进场时产品复查验收和安装摆放

设计师应配合业主对采购合同确定的家具、地毯、窗帘、灯饰、饰品、花品、床品等系列软装产品的尺寸在现场进行复核验收，并确保无误。产品到场后，软装设计师应根据设计方案亲自参与摆放，以确保软装设计的艺术效果。

第九章　酒店室内设计的过程管理和质量评估

第一节　设计过程管理和质量评估的概念

　　酒店室内设计的过程管理和质量评估是酒店建筑装饰企业管理的重要组成部分。随着现代室内建筑装饰设计分工的精细化和过程复杂化，各项设计活动在贯彻"企业ISO"标准的过程中，需要建立一个科学管理系统并制订相应的过程管理和质量评估体系。

　　酒店室内建筑装饰设计管理的关键是相关部门间工作的有效沟通和协调一致。如当企业接到一个酒店设计投标项目，由于设计图纸是由设计部门负责设计的，工程造价是工程预算部门负责制订的，工程施工是由施工部门来完成的。企业如果没有建立跨部门的快速、高效的管理机制，各部门之间缺乏有效的沟通与协调，各种资源就难以得到整合，甚至由于各自传达的信息不及时、不准确、不全面，相互矛盾，那么，就难免因某个部门的协调配合不力或失误而造成整个设计投标项目的失败。

　　酒店室内建筑装饰设计管理与质量评估始终贯穿于设计活动的全过程。在这个过程中，各种设计活动包括设计项目立项、签约、设计概念策划、设计工作实施计划、扩初设计、深化设计、施工图设计、设计技术交底、设计文件编制等；设计师与酒店业主，以及设计相关部门的协同工作环节必须遵循现代设计管理的规则，并合理组织实施。本文主要就酒店室内设计策划、概念设计、扩初设计（深化设计）、施工图设计、设计实施五个阶段的管理和质量评估进行阐述。

第二节　酒店室内设计的前期策划

　　酒店室内建筑装饰设计项目负责人在主持设计项目过程中，首先要根据建设项目的性质，酒店业主的要求进行设计前期策划。成功的设计方案应该全面正确诠释业主的商业意图并满足其商业利益、产品增值最大化的需求。如一个酒店室内设计项目，设计师必须考虑该酒店属于什么星级档次？地处什么地域文化？是商务型的还是度假型？对该酒店建设项目的社会环境、自然环境、人文环境以及从人体工程学角度、材料学角度、施工程序、有关标准、法规等诸方面因素进行系统分析，确认设计方案策划和决策的依据。按照企业 ISO 质量管理体系，我们通常把以上各种资源，同时包括委托任务书、签订合同或者要求参加投标项目的标书、建筑图纸、业主特殊需求、国家及行业法规、标准文件等称为设计前需要输入的文件资料。

　　本阶段要求明确设计任务和要求，如酒店建设项目的使用性质、功能特点、设计规模、等级标准、总造价，根据项目的使用性质所需创造的室内环境氛围、文化内涵或艺术风格等；熟悉酒店设计有关的规范和定额标准，收集分析必要的资料和信息，包括对现场的调查勘查以及对同类型实例的参观、考察等。在签订合同或制定投标文件时，还应包括设计进度安排、设计费率标准的确定。

　　酒店设计专案管理是实现本阶段工作的组织保证。设计专案管理也称设计项目负责人负责制。设计专案管理是以系统化的方法，实施设计项目负责人负责制的设计管理模式，也是利用团队力量确保完成设计任务的方法。实践证明，实施设计项目负责人负责制，可更有效地整合设计资源，充分发挥设计潜力，提高工作效率，确保设计质量，保证设计任务的完成。

　　酒店室内设计项目负责人的主要职责是主持设计方案的策划，负责设计计划的制订和实施，并负责对设计过程中出现的问题进行协调与处理。对酒店室内设计计划的执行，包括设计人员的组成及设计任务的分工、工作进度、设计质量标准、设计阶段性评审确认等方面全面负责。

第三节 酒店室内设计的概念设计

酒店室内概念设计是指设计方案前的设计，设计师通常称此为设计构思阶段。这一阶段是设计师通过对设计输入的文件进行系统分析研究而进行设计构想阶段，也是发挥设计师的智慧，展示设计师才华的创造性思维阶段。

酒店室内设计的概念主要包括室内设计师要表达的设计理念、文化内涵以及设计的风格、设计的元素、色彩、材质、构成形式等。概念设计构思是一个不断创意，不断深化，不断完善的创造性思维过程。酒店建筑装饰设计师为了表达设计概念，以便与同事、业主沟通创意，经反复推敲，绘制各种"设计草图"成为彼此传达视觉信息语言的重要形式。草图的绘制并不一定涉及细节的表现，但要快速、清晰地表达一种设计理念和创意的闪光点，"设计草图"是设计概念的雏形。设计师边想象、边构思、边画草图，有时也辅以必要的简短的文字、符号说明。为了增强酒店室内设计的三维空间概念，运用简单的轴测图来检验空间分割的合理性和可行性是十分必要的。酒店概念设计阶段一般应完成平面布置和空间效果图的设计。验证本阶段设计的创意性、合理性、可行性的关键是要与业主进行有效沟通，并取得业主的确认。

第四节 酒店室内设计的扩初设计（深化设计）

酒店室内设计的扩初设计是在设计策划、概念设计阶段的基础上，进一步收集、分析、运用与设计输入的相关的文件资料，将构思立意进行深化设计。本阶段一般应完成酒店平面布置和空间效果图的设计。验证本阶段设计的阶段性成果应从以下几方面进行评价。

一、酒店室内设计的空间组织

酒店室内空间组织必须满足人和人际活动的需要。酒店室内设计的空间组织包括平面布置，是建立在原有酒店建筑设计物的基础之上的，因此酒店室内设计师首先应对原有建筑设计师的总体设计理念和风格，空间布局、功能、人流以及结构体系等有充分深入的了解。针对酒店室内空间区域功能上的需要，室内设计师应对原建筑物的室内空间和平面布局予以适当调整、并进一步深化完善。对原非酒店类的建筑要求改造为酒店的项目，酒店室内设计师必须根据国家有关酒店室内设计的规范对原建筑空间进行改造和重组。

酒店室内建筑装饰界面是指室内空间的各个围合面，包括地面、墙面、隔断、顶面等，是实现空间组合的基本元素。各界面的形状、线脚、材质肌理以及界面结构的连接，界面和风、水、电等管线设施的匹配接口等方面的设计，是否能满足使用人体的物理环境、生理和心理环境功能上的需求，是验证评价的重要标准。

二、酒店室内的灯光照明和色彩设计

酒店室内光照来自天然采光和人工照明两类，光照除了能满足人们正常工作生活环境的采光、照明要求外，光照和光影效果还增添生活情趣，是酒店室内装饰设计师营造室内情感空间氛围的重要手段之一。灯光照明可以构成空间，又能改变空间，既能美化空间，又能破坏空间。灯光照明方式、灯具造型以及光照强度等，必须根据酒店不同的空间、不同的场合、不同时间、不同对象的功能需求来设计，并遵循安全性、节能性、艺术性原则（图9-1）。

"和谐"是酒店室内装饰设计追求的永恒主题。只有当酒店室内空间和装饰色彩所反映的情趣与人们所向往的精神生活向往产生联想，并与顾客的审美心理发生共鸣时，也就是说只有当空间构成和色彩构成的形式美与顾客的审美心理需求发生碰撞时，人们才会感受到空间和色彩美的愉悦。庄重大气、富丽堂皇的大堂空间、舒适温馨客房空间、动感刺激的娱乐场所、柔情浪漫的咖啡酒吧等，室内建筑装饰空间和色彩的和谐美，取决于顾客对室内环境色彩的感受所做出的评价。

三、酒店室内的软装饰设计

酒店软装饰设计是酒店室内设计的重要组成部分。硬装与软装是不可分割的骨骼与血肉的关系，硬装是软装的基础，软装为硬装出彩，两者相辅相成，相得益彰。酒店硬装与软装设计师必须经常保持有效的沟通和协调，以保证室内设计的最佳效果。

所谓"软装饰"，就是指利用那些易更换、可变动位置的家具、陈设、灯具、绿化等室内设计的内容，它们相对地可以脱离界面而布置于室内空间里面。如窗帘、装饰画、靠垫、桌布、仿真花及装饰工艺品、地毯、工艺摆件等，这些饰品常常是酒店室内设计师营造室内空间环境艺术氛围的点睛之笔。"软装饰"打破了传统的装修、装饰的行业界限，将工艺品、纺织品、收藏品、书画、灯具、花艺、植物等进行重新组合，形成一个新的理念。在现代的室内建筑装饰设计中，"软装饰"和"硬装修"相辅相成、相互渗透、相得益彰，形成了各种室内建筑装饰风格，并增添了许多室内环境生活的情趣。

本阶段的验证与评价，应提供确定初步设计方案，并编制提供如下设计文件。

图 9-1 酒店室内的灯光照明

(1) 平面图（包括家具布置）。

(2) 室内立面展开图。

(3) 顶面图或仰视图（包括灯具、风口等布置）。

(4) 室内透视彩色效果图。

(5) 室内装饰材料实样版面（墙纸、地毯、窗帘、室内纺织面料、墙地面砖及石材、木材等均需用实样；家具、灯具、设备等可用实物照片）。

(6) 设计说明书。

第五节 施工图设计阶段

初步设计方案需经审定后，方可进行施工图设计。施工图设计阶段需要提供施工所必要的有关平面布置、室内立面和平顶等图纸，还需包括构造节点详图、细部大样图以及设备管线图，编制施工说明。施工图设计应满足如下要求。

（1）具有使用合理的室内建筑空间组织和平面布局，提供符合使用要求的室内声、光、热效应，以满足室内环境物理功能的需要。

（2）具有造型优美的空间构成和界面处理，宜人的光、色和材质配置，符合建筑物风格的环境气氛，以满足人的生理、心理、审美功能的需要。

（3）采用合理的装修构造和技术措施，选择合适的装饰材料、设施设备，取得良好的经济效益。

（4）符合安全疏散、防火、卫生等法规标准。

（5）设计应考虑节能、节材、防止污染，充分利用和节省室内空间资源和能源。

第六节 设计实施阶段

设计实施阶段也即是工程的施工阶段。室内工程在施工前，设计人员应向施工单位进行设计意图说明及图纸的技术交底；工程施工期间需按图纸要求核对施工实况，有时还需根据现场实况提出对图纸的局部修改或补充，施工结束时绘制竣工图，并会同质检部门和建设单位进行工程验收。

为了使设计取得预期效果，室内设计人员必须抓好设计各阶段的环节，充分重视设计、施工、材料、设备等各个方面，并熟悉、重视与原建筑物的建筑设计、设施（风、水、电等设备工程）设计的衔接，同时还须协调好与建设单位和施工单位之间的相互关系，在设计意图和构思方面取得沟通与共识，以期取得理想的设计工程成果。

酒店室内建筑装饰设计管理与质量评价控制是一个系统工程，几乎涉及室内建筑装饰企业的每一个部门，因此，必须在企业内部建立一种有效的管理系统来加以监督。设计管理的组织结构应该是自上而下的，同时必须设立专门的职能部门来负责管理，以统一协调企业各部门的设计管理工作。同时，为了控制企业的设计管理，室内建筑装饰企业有必要拟出一套完整的室内建筑装饰设计项目的立项、策划、设计、评审、验证、确认流程和设计质量评估标准和体系等指导性文件，以确保设计质量的实现。

附：酒店室内设计流程表（表9-1）：

表 9-1　设计管理流程

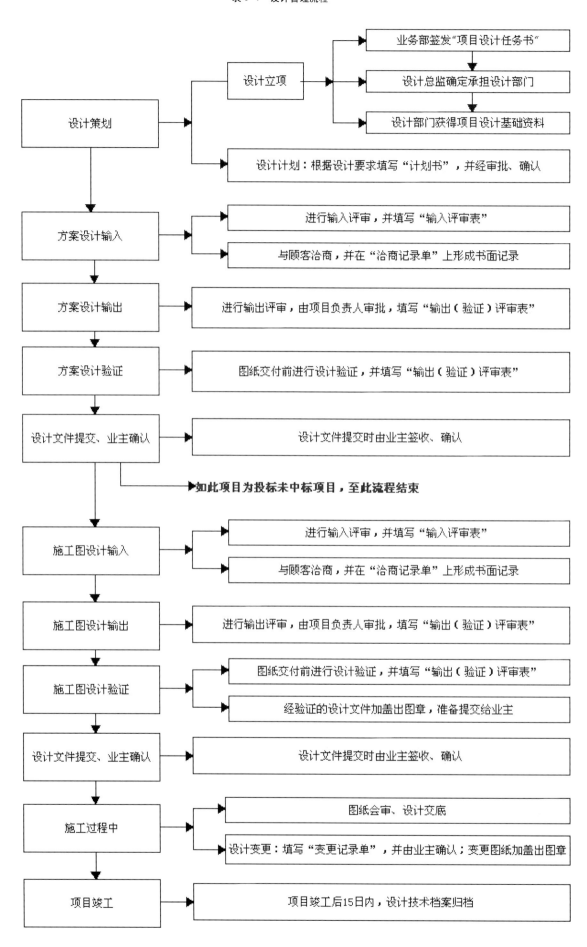

重庆两江创业创新城（P6-1）项目酒店室内精装修设计

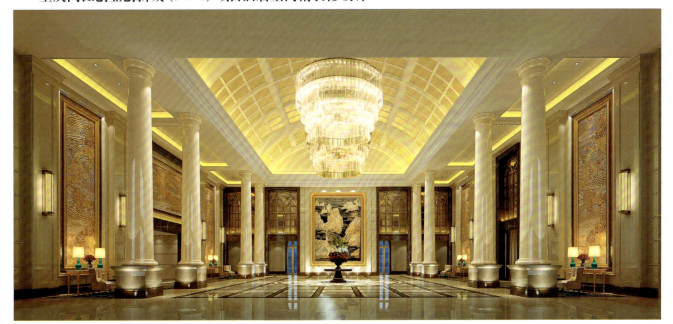

大厅空间表现

标准双床空间表现

B 栋客房空间表现

标准间卫生间空间表现方案一

标准间卫生间空间表现方案二

B栋客房卫生间空间表现

客房层过道空间表现

客房层电梯厅空间表现方案一

客房层电梯厅空间表现方案二

宴会厅空间表现

游泳池空间表现

中餐厅空间表现

中餐包厢空间表现

自助餐厅空间表现

总统套房餐厅空间表现

总统套房卧室空间表现

长城建国大饭店

一层·大堂空间表现

一层·大堂吧空间表现方案一

一层·大堂吧空间表现方案二

一层·自助餐厅空间表现方案一

一层·自助餐厅空间表现方案二

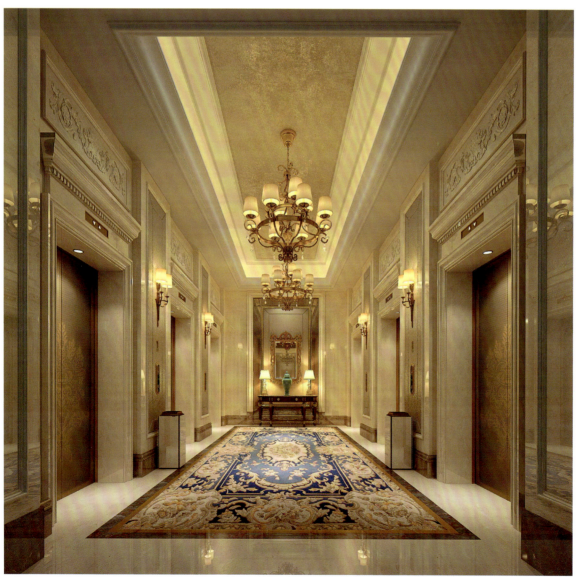

一层·电梯厅空间表现

一层·卫生间空间表现

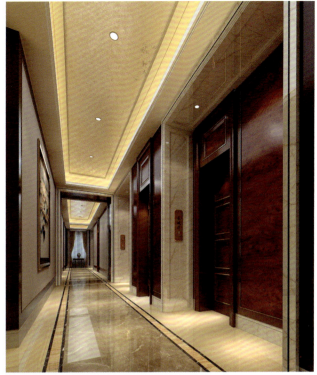

二层·二层中餐过道空间表现

二层·零点餐厅空间表现

二层·清真厅空间表现

二层·十人中餐包厢空间表现

三层·宴会厅空间表现

三层·宴会前厅空间表现

三层·三十人豪华包厢空间表现

三层·二十人包厢空间表现

三层·十人小包厢空间表现方案一

三层·十人小包厢空间表现方案二

三层·贵宾接待室空间表现

三层·餐饮过道空间表现

四层·多功能厅空间表现

四层·多功能前厅空间表现

四层·贵宾接待厅空间表现

四层·高级会议室空间表现

四层·三十二人会议室空间表现

四层·四层电梯厅空间表现

五层·健身房空间表现

五层·棋牌室空间表现

五层·KTV 空间表现

五层·SPA 门厅空间表现

五层·SPA 包厢空间表现

五层·电梯厅空间表现

会所层·贵宾接待厅空间表现

会所层·套房客厅空间表现

会所层·套房卧室空间表现

会所层·二十五层会所 KTV 空间表现

会所层·台球室空间表现

会所层·会所生态厅空间表现

会所层·会所前厅空间表现

会所层·会所客厅空间表现

会所层·穹顶包厢空间表现

客房层·电梯厅空间表现

客房层·大床房卫生间空间表现

客房层·标间方案空间表现

客房层·套房客厅空间表现

客房层·套房卧室空间表现

客房层·客房过道空间表现

客房层·行政酒廊空间表现

客房层·红酒吧空间表现

客房层·总统套房前厅空间表现

客房层·总统套房门厅空间表现

电梯轿厢空间表现

客房层·总统套房卧室空间表现

客房层·总统套房卫生间空间表现

大厅客梯空间表现

兰州金凯瑞酒店

一层大堂空间表现

一层电梯厅空间表现

自助餐厅空间表现

连通包厢空间表现

公共卫生间空间表现

自助餐厅空间表现

清真包厢空间表现

宴会厅空间表现

清真火锅厅空间表现

连通包厢空间表现

一层前厅空间表现

多功能厅空间表现

会议室空间表现

大厅空间表现

3层电梯厅空间表现

健身房空间表现

健身房空间表现

游泳池空间表现

大床房空间表现

客房空间表现

客房卫生间空间表现

客房过道空间表现

客房电梯厅空间表现方案一

客房电梯厅空间表现方案二

套房客厅空间表现

套房卧室空间表现

套房卫生间空间表现

大堂接待区空间表现

豪华会客厅空间表现

豪华客房空间表现

大堂过道空间表现

1号楼苗医体验中心门厅平面及位置方案一角度一

1号楼苗医体验中心门厅平面及位置方案一角度二

1号楼苗医体验交流中心大会议室空间表现

1号楼苗医体验交流中心宴会厅空间表现

1号楼苗医体验交流中心贵宾接待室空间表现

1号楼苗医体验交流中心包厢空间表现

2 号楼康复中心接待室空间表现

7 号楼自助养老院包厢空间表现

包厢空间表现

首长套房卧室空间表现

首长套房卫生间空间表现

大床房空间表现

大床房卫生间空间表现

包厢空间表现

大堂接待区空间表现

1号楼苗医体验交流中心贵宾接待室空间表现

参考文献

[1] 埃莉诺·柯蒂斯.Hotel interior structures酒店室内设计 [M] .林君,王殊隐,译.大连：大连理工大学出版社，2004.

[2] 佩凡戈豪特.Theme hotels 主题酒店 [M] .姜峰,李红云,张晓菲,译.沈阳：辽宁科技出版社，2005.

[3] 原研哉.DESIGNING DESING 设计中的设计 [M] .纪江红,译.南宁：广西师范大学出版社，2015.

[4] 托伯特.哈姆林.建筑形式美的原则 [M] .邹德侬，译.北京：中国建筑工业出版社，1984.

[5] 彭一刚.建筑空间组合 [M] .3版.北京：中国建筑工业出版社，1915.

[6] 黎志涛.建筑设计方法 [M] .北京：中国建筑工业出版社，2010.

[7] 金学智.中国园林美 [M] .北京：中国建筑工业出版社，2000.

[8] 黄国松.色彩设计学 [M] .北京：中国纺织出版社，2003.

[9] 佳图文化.酒店软装设计手册 [M] .南京：江苏凤凰科学技术出版社，2014.

[10] 凯瑟琳·贝斯特.美国设计管理高级教程 [M] .李琦，等译.上海：上海人民美术出版社，2008.

[11] http：//www.google.com

[12] http：//www.pinterest.com

[13] http：//www.baidu.com

[14] moresidencesatlanta.com

[15] http：//www.shangri—la.com

[16] Baccarat Hotel and Residences New York baccaratresidencesny.com

[17] http：//www.dinzd.com/works/ccd04.html

[18] http：//www.thecastlehotel.cn/pics.html

[19] http：//www.shwhdfhotel.com/

[20] http：//www.waldorfastoriashanghai.com/

[21] http：//www.rosewoodhotels.com/sc/default

[22] http：//www.fourseasons.com/zh/kyoto/

[23] http：//www.diaoyutaihotel.cn/pics.html

图书在版编目（CIP）数据

酒店室内设计原理 / 黄健著. —北京：中国纺织出版社，
2019.3（2025.8重印）
ISBN 978 - 7 - 5180 - 4705 - 5

Ⅰ．①酒…　Ⅱ．①黄…　Ⅲ．①饭店－室内装饰设计
Ⅳ．①TU247.4

中国版本图书馆CIP数据核字（2018）第023771号

策划编辑：胡　姣　　　责任印制：王艳丽
版式设计：胡　姣

中国纺织出版社出版发行
地址：北京市朝阳区百子湾东里A407号楼　邮政编码：100124
销售电话：010—67004422　传真：010—87155801
http://www.c-textilep.com
E-mail：faxing@c-textilep.com
中国纺织出版社天猫旗舰店
官方微博http://weibo.com/2119887771
北京虎彩文化传播有限公司印刷　各地新华书店经销
2019年3月第1版　　　2025年8月第5次印刷
开本：889×1194　1/16　印张：10
字数：207千字　定价：128.00元